KB201825

느린 아이 한글 깨치는 법

느린 아이
한글 깨치는 법

늦된 아이가 읽기 쓰기를 빠르게 배우는 6단계

김혜승 지음

소용

일러두기

내용의 이해를 돕기 위해 저자가 각주를 붙였으며, 출처는 맨 뒷장에 밝혔습니다. 또한 사
례 속 아이들의 이름은 가명으로 실제 인물과 무관합니다.

기다리다가 때를
놓치지 않도록

아이는 세상에 태어나 1년이 지나면 말문이 트이고 세상을 더 궁금해 합니다. 자신이 본 것, 들은 것, 만진 것을 이해하기 시작하며 재잘재잘 말하기 바빠집니다.

만 36개월이 지나면 대화를 이해하고 표현하는 데 큰 어려움은 없어집니다. 아이가 말이 더 많아지는 4세 정도가 되면, 부모님들은 아이들에게 은근히 기대하게 됩니다.

'우리 아이가 무엇을 더 잘할 수 있을까? 운동을 잘할까? 공부머리는 좀 있을까? 음악적 재능이나 예술 감각이 더 있진 않을까?'

기대감도 생기고, 아이의 미래가 무척 궁금해집니다. 이 시기의 부모들은 아이에게 좀 더 열심히 가르쳐주려고 합니다. 한편으로는 '아이가 저절로 잘하겠지'라는 마음으로 기다리기도 합니다.

부모님들은 아이가 한 살 한 살 나이를 먹고 어린이집, 유치원에 가게 되면 아이의 한글 발달에도 관심을 쏟습니다. 다른 아이들이 한글을 뗐다고 하면 기다리던 부모님도 마음이 급급하거나 우리 아이가 뒤쳐질까 걱정이 되지요. 이러한 불안함 때문에 치료실을 찾아오시는 부모님들이 많습니다.

혹시, 우리 아이가 이런 상황인지 한번 살펴보세요.

□ 한글에 전혀 관심이 없어 보인다.
□ 글은 읽지만 자주 실수를 한다.
□ 글을 말로 설명할 때는 잘 이해하지만, 직접 읽고 이해하는데 오래 걸리거나 힘들어한다.

그렇다면 이 책을 주의 깊게 살펴보세요.

아이가 한글을 깨칠 시기에는, '우리 아이가 언제 한글을 깨칠까?' 하는 걱정은 잠시 넣어두고 아이가 한글을 읽고 쓸 때까지 함께 애를 써주어야 합니다.

문제는 아이가 한글을 익힐 때가 되었는데도 아직도 한글을 떼지 못할 때 더 커집니다. 아이마다 언어 발달의 시기가 조금씩 다를 수는 있습니다. 아이가 조금 늦어도 때가 되어서 한글을 깨치는 경우는, 학습에 어려움이 없는 경우입니다. 하지만 만약 단순하게 '늦된 문제'가 아닌, '난독인 경우'라면 때가 되어도 저절로 글자를 학습하고 유창하게 읽을 수 없습니다. 난독은 지능에 문제가 있는 것이 아닙니다. 어릴 때부터 똑똑했던 아이가 글을 배우지 못하는 경우, 난독인지도 의심하지 못해 적절한 시기를 놓치는 경우도 많으니까요.

난독은 듣고 말하는 것은 가능하고, 글자를 인식하여 해독하는 데 어려움을 보이는 증상을 말합니다. 말소리를 이루는 가장 작은 단위인 '음소'를 인식하지 못하여 생기는 것입니다.

난독은 정도에 따라 다양합니다. 글자 자체를 읽어내지 못하는 난독부터 문장을 읽지만 잦은 실수를 보이며 유창하게 읽지 못하는 난독, 어떤 내용이었는지 아예 이해 못하는 난독까지 있습니다.

난독은 자칫 아이가 부주의해서, 아는 것이 별로 없어서, 노력하지 않고 읽는다는 오해를 받기 쉽습니다. 하지만 신경생리학적인 손상으로 생긴 결함 때문이기에 시간이 결코 해결할 수 없지요. 혹시 아이가 난독이라고 해도, 극복할 수 있으니 절대 포기하지 마세요.

저희 딸은 만 4세부터 한글을 읽고 썼습니다. 책도 혼자서 읽고, 스스로 친구에게 편지를 써서 보내기도 했지요. 한글 교육을 따로 시키지 않았지만, 제가 언어재활사이자 난독 전문가로 일하다 보니, 일상생활 속에서 아이에게 자연스럽게 한글을 잘 읽을 수 있는 환경과 기회를 마련해주었던 것이지요.

저는 18년 동안 이 일을 해왔습니다. 첫 책『말이 느린 아이 말문을 여는 법』이 말문을 트이게 하는 책이었다면, 이번 두 번째 책『느린 아이 한글 깨치는 법』은 그다음 단계인 한글까지 완벽하게 익힐 수 있도록 돕는 책입니다.

이 책에 글을 읽기 힘들어하는 아이들부터 모든 아이들이 한글을 깨우치기까지 필요한 공부법을 담았습니다. 한글을 깨우치기에 가장 핵심이 되는 기술을 담았기에 한글을 모르는 아이라면 누구나 적용이 가능합니다. 부모가 자연스럽게 일상생활 속에서 아이에게 언어 자극을 줄 수 있는 방법도 실었으니 살펴봐주세요.

모든 아이들은 글을 읽기 위해서 치열한 과정을 밟습니다. 모국어이니 아이가 저절로 깨우칠 것이라고 느슨한 마음이 든다면, 그만큼 아이가 세상을 읽어낼 기회를 늦추는 일일 뿐입니다. 글을 읽고 학습을 시작해야 하는 시기가 되었다면 아이에게 힘을 실어주세요. 그 치열한 시간 속에 도움을 준다면 아이는 더욱 빠르게 세상을 알아갈 것입니다.

각자의 상황에서 자녀에게 최선을 다해 육아하는 부모님의 상황을 알고 있습니다. 저는 현장에서 수많은 부모님들과 함께 깊이 고뇌하고 공감하며, 불안하고 흔들리는 부모님의 마음을 잡아드리고 있습니다. 육아에서 끊임없는 걱정과 의문이 드는 것을 잘 알고 있기에, 한글 교육에서만큼은 흔들리지 않고 중심을 잘 잡을 수 있도록 도움을 드리고 싶습니다.

마지막으로 두 번째 책을 집필할 수 있도록 기회를 준 소용 대표님과 늦은 시간까지 들어오지 않는 엄마를 기다린 예담이, 그런 딸 곁을 잘 지켜준 남편에게 고마움을 전합니다.

언어 발달 전문가
김혜승

• 차례

2부
읽기 쓰기를 빠르게 키우는
6가지 방법

1단계: '음운인식'이 우선입니다

2단계: 음소와 음절을 이해하는 힘, '파닉스'

3단계: '어휘력'을 키우면
자신만만해집니다

4단계: '읽기 유창성'이 중요한 이유

5단계: 소리 내어 읽으면,
'읽기이해력'이 생깁니다

6단계: '작문'을 잘하는
아이가 됩니다

부록

1부

느린 아이,
한글을 못 읽던 이유

아이가 말소리에
둔감하다면

정원이는 어릴 때부터 발음이 좋지 않았습니다. 만 4세 때는 다음과 같은 발음 오류를 빈번하게 보였습니다.

- 야구공 → 야고공
- 배추밭 → 배추밥
- 김밥 → 빔밥
- 다람쥐 → 바람지
- 울라프 → 우라프
- 주사위 → 주사기

　정원이의 엄마는 언어치료실을 방문해야 할지, 더 지켜보아야 할지 고민이 많았습니다. 조금 더 시간이 지나면 아이가 발음을 잘할 수도 있다고 생각해, 당시에는 그저 발달상 나타나는 현상으로만 여겼지요. 아이의 말을 알아듣는 데에는 큰 문제가 없어서 빠르게 치료실을 찾지 않았습니다. 정원이의 엄마는 이로 인해 아이가 한글을 늦게 떼게 될 줄은 꿈에도 몰랐습니다.

느린 아이의 발음기관과 음운인식능력

　보통 듣기에 어려움이 없는 아동 중 발음이 안 되는 경우는 두 가지 원인을 생각해볼 수 있습니다. 하나는 발음기관(혀, 입술 등의 구강근육)의 미성숙 또는 낮은 운동성으로 인하여 발음을 정확하게 못하는 것입니다. 다른 하나는 음운인식이 떨어진 것입니다. 음운(말의 뜻을 구별하여 주는 소리의 가장 작은 단위)을 제대로 인지하지 못하고 비슷한 소리로 대치해 정확하게 조음(발음)을 못 하는 경우입니다. 청각적인 어려움이 아닌, 뇌 신경학적 원인으로 어려움이 생기는 것이지요. 둘 중 하나의 원인으로 발음이 어려울 수도 있고, 두 가지 원인 모두로 인하여 조음이 어려울 수도 있습니다.

첫 번째, 구강근육이 미성숙한 아이라면 연령이 증가함에 따라 자연스럽게 완화될 수도 있습니다. 그러나 만 4세가 지났음에도 어려움을 보이는 아이라면 전문적인 중재(치료와 학습)를 통해 미세근육의 성숙과 운동성을 높여 조음의 어려움을 해소시켜야 합니다.

두 번째, 음운인식이 약한 경우는 음소별 소리와 특징을 익히고, 음향학적으로 차이가 큰 자음부터 알려줄 수 있습니다. 그

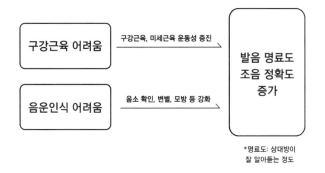

*명료도: 상대방이
잘 알아듣는 정도

러면 아이는 점차 비슷한 자음들의 소리 확인, 변별, 모방 등을 통하여 발음의 정확성을 높여나가지요.

조음과 글을 못 읽는 상관성은 상당히 높습니다. 한글을 접할 나이에 '음운인식력'의 결여로 인해 읽기 쓰기의 어려움을 보일 수 있으니, 이럴 때 잘 살피고 관찰해야 합니다.

정원이의 경우, 야구공을 '야고공'으로 발음했지요. 이는 모음 /ㅜ/를 /ㅗ/로 인식했거나 뒤에 나오는 음절 '공'의 모음 /ㅗ/의 영향으로 '야고공'으로 발음했을 것입니다. '배추밭'에서는 종성 소리 /ㄷ/을 정확히 인식하지 못하고 /ㅂ/으로 인식하여 발음하였고, '다람쥐'에서는 파열음 /ㄷ/을 같은 파열음 /ㅂ/으로, '울라프'에서는 종성/ㄹ/을 생략했습니다. '주사위'는 비슷한 단어인 '주사기'로 오인하여 발음한 것으로 보입니다.

발음기관의 미성숙과 운동성의 부족으로 인하여 조음의 어려움이 있었다면, 같은 자음으로 시작하는 다른 단어에서 일관적인 오류가 관찰될 수 있습니다.

대개 조음의 오류 패턴이 확실하게 드러나지만, 음운인식의 경우에는 특정 자모음 결합에서 오류를 보이거나, 친숙도에 따라서 발음의 양상이 다를 수 있습니다. 그래서 말소리에 둔감한 아이들은 자신이 알지 못하는 친숙하지 않은 단어와 새로운 단어일수록 듣고 모방하는 일에 어려움을 보입니다. 특

히 외래어나 음절이 긴 단어일수록 오류를 나타낼 가능성이
더 높아집니다.

말소리와 한글 학습의 관계

만약 아이가 끝말잇기나 공통음절, 공통음소에 주목하지 못
한다면, 말소리에 매우 둔감한 아이라는 뜻입니다. 이런 아이는
한글 학습을 시킬 때, 더 특별한 도움이 필요합니다.

말소리에 둔감한 아이들은 특히 디지털 사운드에 대한 인식
이 더욱 떨어질 수 있습니다. 어린아이들이 자주 가지고 노는
사운드북 소리를 정확히 듣기 어려워하지요. 원래는 음질이 낮
고 단순한 음과 명령어가 나오는 사운드북 소리를 잘 들어야 합
니다. 그러니 우리 아이가 어릴 때, 사운드북에서 나오는 소리
를 제대로 들었는지, 잘 모방하며 놀았는지 기억을 되새겨볼 필
요가 있습니다. 소리를 인지하는 아이의 능력을 확인해볼 수 있
는 쉬운 지표니까요.

말소리가 둔감한 아이의 또 다른 특징은 노래 가사를 외우기
어려워한다는 점입니다. 물론 친숙한 노래를 여러 번 반복하여
들었을 때에는 대부분 잘 외워서 따라 부르지만, 가사가 다양하

거나 길수록 단번에 듣고 따라 부르는 경우가 적을 수 있습니다. 노래 가사 외우기를 단순한 활동으로만 생각할 일이 아닙니다.

말소리의 가장 작은 단위인 음소를 다른 음소들과 분명히 다르다는 것을 알고 변별해내는 능력이 매우 떨어질 때 난독이 나타납니다. 뇌의 불균형이나 시지각이 약해서 나타나는 것이 절대적으로 아닙니다.

그러니 말소리의 민감성을 키우는 것이 한글을 깨칠 수 있는 열쇠임을 잊지 말아야 합니다.

Key Point! 한글 깨치는 아이

아이가 한글을 깨우치기 전에 말소리를 어떻게 인지하고 인식하는지부터 살펴야 합니다. 간혹 말소리를 인지하고 인식하는 뇌신경학적 원인으로 인한 어려움 때문에 글자를 제대로 발음하지 못하는 경우가 있습니다. 이런 경우는 말소리의 민감성을 키우는 치료가 필요합니다.

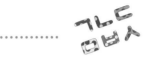

읽기를 실수하는 이유,
조용한 ADHD

우진이는 또래보다 말이 조금 늦게 트였지만, 말이 트이고 나서는 별다른 특이사항 없이 잘 자랐습니다. 7세가 되고 말할 때, 마찰음 /ㅆ/ 발음이 잘 되지 않는 것이 신경 쓰였지만, 부모님은 크게 문제가 되지 않는다고 생각했습니다.

그래도 입학 전에는 아이가 한글은 떼고 가야 할 것 같아서 이것저것 공부를 시켜보았지만, 속도가 크게 나지 않았습니다. 다행히도 우진이는 자리에 곧잘 앉는 편이었습니다. 하나의 과제를 수행하려면 다소 시간이 걸렸으나 이후 비슷한 과제를 하면 수월하게 해내는 모습도 보였습니다. 시간이 조금 지나면 한글 교육도 차차 더 나아질 것이라 생각하며 엄마는 대수롭지 않게 여겼습니다.

유치원 선생님도 우진이가 전반적으로 차분한 편이며 기관생활을 잘한다고 했습니다. 그렇기에 부모님은 큰 걱정을 하지 않았지요. 그러다 시간은 어느덧 3월이 되어 우진이가 초등학교에 입학하게 되었습니다. 학기 초 학부모 상담에서 담임선생님은 조심스럽게 우진이가 '조용한 ADHD'로 의심된다는 말을 꺼냈습니다. 우진이의 엄마는 큰 충격을 받았습니다. 다른 아이들도 산만함은 어느 정도 있다고 생각했고, 우진이가 자리 착석이 잘 되는 편이어서 주의력에 어려움이 있다고는 생각 못했기 때문입니다.

느린 아이의 과잉행동 충동, 주의력 결핍형

우진이처럼 기관생활에서 별다른 피드백을 받지 못하다가, 학교에 진학하고 나서야 조용한 ADHD 의심을 받는 사례가 종종 있습니다. 보통 ADHD(Attention Deficit Hyperactivity Disorder, 주의력 결핍 과잉행동 장애)라 하면 부산스러운 행동과 끊임없이 움직여 집중을 못하는 모습을 떠올리기 쉽습니다.

ADHD인 아이는 주의집중력이 심각하게 떨어져서 일상생활과 학습에 영향을 미치지요. 이렇게 되는 원인은 후천적이라기보다는 선천적인 원인과 더 관련성이 높다는 연구가 있습니다.

ADHD는 '과잉행동 충동형'과 '주의력 결핍형'과 두 가지 모두를 가진 '혼합형' 세 가지의 종류로 나눌 수 있습니다. 이 질환을 가진 아이들은 지속적으로 어떤 것에 주의를 기울이기가 매우 어렵습니다. 과잉행동을 보이는 아이들은 단번에 질환을 의심하기 쉽지만, 조용한 ADHD라 불리는 주의력 결핍형 아이들은 자세히 살펴보지 않으면 우진이의 경우처럼 '조용한 아이'로만 지나칠 수도 있습니다.

세 가지 유형은 공통적으로 모두 어떠한 것을 차분하게 학습해나가는 데에 분명한 어려움을 보입니다. 주의집중이 어려운 아이들은 어떠한 것을 '선택적'으로 주의집중하는 것이 매우 어렵고, 어른의 안내와 지시를 받아도 쉽게 바뀌지 않습니다. 한 가지 주제로 끝까지 그림을 그리기 어려워하고, 책을 끝까지 주의 깊게 살펴보지 못하기도 합니다. 수박 겉핥기식으로만 보며, 자리에 진득하게 앉아 있지도 못하고 끊임없이 돌아다니거나, 팔다리 등 몸을 계속 움직이는 행동을 보이기도 합니다.

민서는 초등학교 2학년 아이입니다. 엄마는 민서와 일상 대화를 나눌 때 큰 어려움을 느낄 수 없었습니다. 하지만 의자에 앉아서 어떤 주제에 주의집중을 요하는 활동을 할 때, 민서는 몸을 좌우로 움직이거나, 손이나 손가락을 위아래로 움직이고, 머리카락을 계속 만지는 등의 모습을 보였습니다.

행동 지적을 받을 때에는 아주 잠시 움직임을 멈추었지만, 몇 초가 지나면 다시 비슷한 행동을 끊임없이 하기 일쑤였습니다. 아이가 보이는 행동이 돌아다니거나 뛰는 큰 움직임은 아니었지만, 엄마는 여간 신경 쓰이는 것이 아니었습니다. 결국 민서의 엄마는 아이의 행동 조절이 어렵다고 판단하여 소아정신과를 방문하게 되었습니다.

병원에서 상담과 평가를 받아본 결과, 민서는 주의력 결핍 과잉행동 진단을 받고 약물을 복용해야 했습니다. 그러나 엄마는 '약'에 대한 부작용 우려와 성장하는 아이에게 약을 복용하게 한다는 죄책감으로, 학교를 가는 날만 복용하도록 했습니다. 주말이나 방학처럼 주의력이 크게 필요하지 않은 시기라고 판단되면 약물을 중단하는 자체 복약 지도를 한 것입니다. 아이는 복용 유무에 따라 행동조절능력에 큰 차이를 보였고, 점차 학원

선생님들로부터 학습할 때, 집중하지 못한다는 피드백을 받기 시작했습니다.

아이가 ADHD라고 하면 대개 부모님들은 자책을 많이 합니다. '그때 더 함께하지 못해서 주의집중을 못하나', '영상을 너무 많이 보여줘서 그런가' 등의 생각으로 많이 괴로워하지요. 주의집중력이 좋지 못한 경우에는 후천적인 영향으로 악화되는 경우도 있지만 대개 유전적, 선천적 또는 원인을 알 수 없는 이유로 주의집중력이 좋지 못합니다.

아이가 집중하는 순간을 살피세요

어떤 것을 학습할 때 '주의력' 여부가 강력하게 작용합니다. 주의집중력이 떨어지는 아이는, 책을 살펴보거나, 한글 학습에 어려움을 겪을 가능성이 매우 큽니다.

혹시 우리 아이가 갓난아기 때부터 젖을 오랫동안 빨지 못하고 계속 칭얼거렸거나, 잠을 길게 못 잤나요? 잠투정, 떼쓰기가 심하고 한시도 가만히 있지 못했나요? 여러 원인 중 주의집중력이 부족해서 그랬을 가능성이 있습니다. 하지만 자라나는 유아기 모든 아이들은 신경과 행동발달이 왕성하게 일어나 주의 집중력에 어려움이 있는 것처럼 보이기도 하므로 섣불리 단정을 지을 수는 없습니다.

글을 못 읽어내는 아이들이 동반할 수 있는 질환 중 가장 높은 비율이 ADHD이며, 이러한 아이들은 학습의 속도가 느리며, 시간이 오래 걸릴 수 있습니다. 우리 아이가 혹시 ADHD인지 확인하고 싶다면 다음의 사항 중 '흔히/번번하게' 6가지 이상, 6개월 동안 지속되는지 살펴볼 필요가 있습니다.

부주의 증상

1. 면밀하게 주의를 살피지 못한다. 학업, 작업, 다른 활동에서 실수를 한다.
2. 놀이를 할 때 지속적으로 주의집중하지 못한다.
3. 다른 사람의 말에 경청하지 못한다.
4. 지시에 끝까지 수행하지 못한다.
5. 학업, 활동 등을 체계화하는 데 어려워한다.
6. 지속적인 정식적 노력이 필요한 학업, 숙제, 활동에 참여하는 것을 피하고, 싫어하고, 저항한다.
7. 숙제 등 활동에 필요한 물건을 자주 잃어버린다.
8. 외부 환경 자극에 의해 쉽게 산만해진다.

9. 일상적인 활동을 잊어버린다.

과잉행동 증상

1. 손발을 가만히 있지 못하고, 앉아서도 몸을 움직인다.
2. 교실 등 앉아 있어야 하는 시간에 자리를 이탈한다.
3. 지나치게 뛰어다니거나 기어오른다.
4. 조용한 활동에 참여하지 못하거나 노는 것이 어렵다.
5. 끊임없이 활동하거나, 어떤 것에 쫓기는 것처럼 행동한다.
6. 지나치게 말을 많이 한다.
7. 질문이 끝나기도 전에 대답한다(충동성).
8. 차례 지키기, 기다리기를 어려워한다(충동성).
9. 대화나 게임에서 다른 사람을 방해하거나 간섭한다(충동성).

Key Point! 한글 깨치는 아이

글자를 읽는다는 것은 차분히 집중해서 문자를 해독한다는 뜻입니다. 특히, 한글을 모르는 나이, 이제 막 배우는 나이에는 천천히 집중하기 어렵지요. 그런데 주의집중력이 낮다면 글자 자체를 쳐다보는 일이 더욱 어려울 것입니다.
아이가 지나치게 글자를 못 읽고, 책을 못 읽는다면 주의력 겹핍 장애와 같은 문제도 확인해 보고, 필요하다면 적극적인 치료를 해야 합니다.

듣기이해력이
중요합니다

시연이는 성격이 쾌활하고 명랑한 여자아이입니다. 어릴 때부터 행동이 다소 과격하긴 했지만, 그렇다고 주변의 걱정을 살 정도는 아니었습니다. 아이가 말을 알아듣고 표현하기 시작한 뒤로, 엄마, 아빠가 일이 매우 바빠서 책을 읽어주는 시간이 거의 없었습니다. 하지만 시연이가 언어 발달에 큰 지장이 있다고는 느끼지 못했습니다.

시연이가 6세가 되었을 때, 엄마, 아빠는 아이가 조금 더 학습을 잘하길 원했고, 그때부터 책을 이것저것 읽어주었지만, 시연이는 이야기에 집중하지 못하는 모습을 보였습니다.

시연이는 긴 설명을 들을 때도 집중하지 못했습니다. 다른 사람의 말을 듣고 전달해야 하는 상황에서도 전혀 이해하지 못하는 시연이의 모습이 관찰되기도 했습니다. 또래들은 더욱더 긴 이야기를 할 수 있는 시기에 시연이는 듣고 이해하는 데 집중하지 못하고 어려워했습니다. 엄마는 매우 걱정스러웠지요. 시연이는 왜 이런 모습을 보였을까요?

느린 아이의 듣기 능력은?

아이들 중에는 일상 대화에서는 어려움이 없지만, 말이 조금 더 길어지거나, 어려운 내용을 이야기할 때 잘 못 듣는 아이가 있습니다. 모르는 단어가 들어갔을 때는 더 못 듣지요. 여기서 '잘 듣지 못한다'라는 뜻은 분명하게 '들었지만 이해하는 것은 어렵다'라는 뜻으로 생각해야 합니다.

들리는 소리를 인식하거나 들려오는 것을 알아차리는 'hearing' 수준이 아닌, 의도적으로 주목하여 이해할 수 있는 'listening' 수준을 말합니다.

앞서 언급한 시연이의 경우, 언어 발달이 왕성하게 이뤄지는 어린 시기에 부모님이 책을 많이 읽어주지는 못했지만, 기본적인 의사소통을 발달시키는 데에는 무리가 없어 보였습니다. 하지만 5세가 지나 언어가 좀 더 정교화되고, 길어지는 시기에 시연이는 바로 '듣기이해력'에 어려움을 보였지요.

듣기이해력이 떨어진다고 하면, 듣기와 이해를 동시에 처리할 수 있는 능력이 떨어졌다고 봅니다. 아이의 언어 수준이 그만큼 발달하지 않았거나, 말소리 인식력이 부족하여 어떤 말인지 인지를 못해서 생깁니다. 책을 많이 읽어주지 않았거나, 장시간 미디어 노출이 되었거나 하는 이유로 주의집중력이 떨어지면 듣기이해력이 떨어질 수 있습니다. 어느 한 가지 이유가 아닌, 복합적 이유가 얽힐 수도 있지요.

그렇다면, 시연이처럼 느린 아이들은 왜 듣기이해력이 떨어질까요? 시연이의 경우에는 '수용언어'를 연령에 맞게 충분히 발달시키지 못한 탓에 듣기이해력이 떨어졌습니다. 어린 시기부터 책을 충분히 읽었다면 수용언어가 더욱 발달했겠지요.

수용언어와 듣기 지속력의 관계

아이들이 책에 대한 흥미가 없을 때 자연스레 활자에 대한 관심도 낮아지지요. 듣기이해력은 더욱 약해지고요. 이렇게 듣

책 읽기와 아이의 언어 발달의 연속 관계

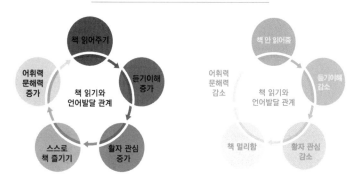

기이해력이 약해지면 '듣기 지속력' 또한 짧을 가능성이 높습니다.

들기 지속력이 낮고, 듣기이해력이 약하면 약할수록 청각적 기억력이 짧고, 긴 이야기에 집중하기 어려워 자발적으로 책을 즐기기 어렵습니다. 엄마, 아빠가 읽어주어도 이야기에 흥미를 느끼지 못하여, 글자에는 더욱더 관심이 없어지는 악순환을 반복할 수 있지요.

장시간 미디어에 노출된 아이들 또한 듣기이해력과 주의집중력이 떨어질 수 있습니다. 제가 오랫동안 이 일을 하면서 답답하게 느껴졌던 때는 아이들이 '유튜브로 배울 수 있기 때문에 보여주어도 괜찮다'라는 잘못된 신념을 마주할 때입니다. 장시간 동안 동영상을 시청하고, 미디어에 노출되면 아이의 발달과 학습 면에서 절대적으로 '백해무익(百害無益)'입니다.

　미디어의 발달로 어른들은 유튜브에서 더 많은 지식을 확장할 수 있었지만, 자라나는 아이들에게는 좋은 효과를 볼 수 없습니다. "유튜브 때문에 우리 아이는 여러 지식을 배우고 있는 것 같은데, 그게 잘못된 것인가요?"라고 반문하는 부모님들도 있을 것입니다. 물론 아이들이 영상에서 배우는 점이 있겠지요. 그러나 같은 지식을 책으로 배우면 영상 자료를 보며 배운 것보다 훨씬 더 오래 기억되고, 효과적으로 학습됩니다. 덧붙여, 책을 종이로 읽는 것과 화면으로 읽는 것 또한, 종이로 읽는 것이 훨씬 더 기억과 학습에서 강력한 효과가 있다는 사실을 알아야 합니다.

한글을 떼기 위한 초석, 듣기이해력

　앞으로 중요하게 다룰 '듣기이해력'이라는 단어는 느린 아이들이 앞으로 한글을 배울 때 중요한 열쇠가 될 수 있습니다. 말소리 인식력이 떨어지는 느린 아이들의 예후를 예측하는 지표로도 듣기이해력이 쓰입니다.

　듣기이해력이 발달한 아이들은 성공적으로 한글을 배워나갈 수 있으며, 한글 해독이 해결되었을 때 읽기 유창성과 읽기이해, 어휘 학습에서 매우 좋은 효과를 거둡니다.

듣기이해력이 높은 아이와 듣기이해력이 낮은 아이의 차이는 바로, 책 읽기의 경험과 양, 충분한 언어 발달에 의해 좌우됩니다. 그렇기에 책을 아이에게 읽어주는 일은 매우 이롭고 유익한 활동이며, '개권유익(開卷有益)'이란 사자성어처럼 책을 항상 가까이 하는 것은 언제나 옳습니다.

Key Point! 한글 깨치는 아이

문자를 읽기 위해서는 말을 듣고 이해하는 능력이 첫 번째입니다. 그것이 바로 듣기이해력이지요. 듣기이해력을 높여주기 위해 책만 한 것이 없습니다. 초등학생이 되면 스스로 책을 읽을 테니, 아이가 한글을 깨치기 전까지는 고단하지만 되도록 책을 많이 읽어주세요.

엄마의 기대와
느린 아이의 발달 사이

    현진이는 7세 남자아이입니다. 현진이 주변 친구들은 작년에 한글을 떼었지만, 현진이는 한글에 도통 관심이 없었습니다. 그저 노는 것을 제일 좋아하는 장난기 많은 남자아이였지요. 엄마는 현진이를 붙잡고 6세 후반부터 한글을 가르쳤지만, 그때마다 아이는 지루해하며 관심을 보이지 않았습니다. 공부하기 싫다며 엄마와 밥 먹듯이 싸웠지요. 더 밀어붙였다가는 아이와 사이가 멀어질 것 같아 엄마는 잠시 한글 교육을 접어두었습니다.

    아이가 학교 갈 시기가 되고, 엄마의 마음은 더 타들어갔습니다. 다시 한글 교육을 시작하고 싶지만, 또 싸우면 어쩌나, 불안과 걱정이 앞서 선뜻 한글 공부를 다시 하지 못했습니다. 엄마는 왜 아이가 한글 공부에 관심도 없고 힘들어하는지 몰랐고, 앞으로 어떻게 다시 공부해야 하는지 궁금해했지요. 현진이는 왜 한글에 관심이 없었을까요?

우리 아이는 준비가 되었을까?

이 글을 읽는 독자 여러분은 언제 처음 한글을 읽었는지, 기억하시나요? 저는 아주 작은 시골 마을에서 자라났기에, 사교육을 받을 수 있는 환경이 아니었습니다. 예전에는 초등학교에 입학하기 전에 한글을 가르쳐야 한다는 개념이 거의 없었지요. 30년이 지난 지금의 아이들은 어떨까요?

어릴 때부터 많은 경험과 사교육, 안정된 보육과 교육을 받는 우리 아이들은 한글을 모른 채 초등학교에 입하는 일이 당연하지 않아 보입니다. 요즘 아이들은 적어도 초등학교 입학 전에는 한글을 읽을 수 있는 상태에서 입학합니다. 그래서 입학 전 아이를 둔 부모님들 중에는 속이 타거나 다른 아이들과 비교하며 조바심을 내는 경우도 많습니다.

그런데 아이들의 발달에는 단계가 있습니다. 신체, 언어, 인지, 놀이, 사회성, 학습 등 모든 것에는 발달 단계가 있기 마련입니다. 이 말은 아이들의 연령이 발달 단계에 접어들지 않았다면, 준비가 되지 않은 상태라는 뜻입니다. 어른이 보기에는 말을 잘하는 듯 보이지만, 사실 언어나 인지가 연령에 더 충분하게 발달하지 않은 상태일 수도 있습니다. 그렇다면 한글을 완전히 받아들일 수 있는 연령은 언제일까요?

발달이 빠른 아이들은 5세(만 3세)에도 한글을 읽을 수 있지만, 보통은 6세 후반에서 7세(만 5세 이상) 사이에 많은 아이들이 한글을 읽습니다. 그래서 아이가 지금 만 5세 이하라면 글자를 읽지 못한다고 걱정할 필요는 없습니다. 연령에 따른 발달 단계에 아직 진입하지 않은 것이니까요.

시은이는 아빠의 직장 문제로 6세쯤 외국으로 거주지를 옮기게 되었습니다. 시은이의 엄마는 한글을 배워야 하는 시기에 외국으로 이주하게 되어 걱정이 이만저만이 아니었습니다. 아이가 이주한 곳에 적응을 하자, 엄마는 6세 후반부터 집에서 아이에게 차근차근 한글을 가르쳤습니다. 그러나 아이는 매우 힘들어하고 한글이 어렵다는 표현을 자주 하곤 했지요.

아이는 힘들다고 표현했지만, 영어권 나라도 아니었기에 엄마는 한글을 손에서 놓을 수 없었습니다. 한글을 읽긴 읽지만, 받침 있는 단어나 음운 변동이 일어나는 단어를 읽기 힘들어하고, 읽는 속도는 항상 제자리걸음이었습니다. 그러다 아이가 7세가 되었을 때, 진척이 없었던 한글 읽기가 한두 달 사이에 속도가 쑤욱 빨라지고 결국 한글을 깨치게 되었습니다.

언제 한글을 떼지? vs 때 되면 다 하겠지

그런데 문제는 6세가 지나도 한글에 관심이 없거나, 한글 학습에 어려움을 보일 때입니다. 이때는 '난독 현상'을 겪을 가능성이 높은 아이일 수 있습니다. 난독 현상이란, 난독증과 같은 병리적으로 진단이 되는 개념 이외에 교육적으로 읽기에서 어려움을 경험하는 '읽기 부진'을 포괄하여 부르는 용어[1]입니다.

앞서 말한 시은이의 경우는, 발달이 조금 늦었지만 아직 준비가 되지 않은 상황이었던 것입니다. 아이들은 저마다의 발달 속도를 지니니까요. 만 5~6세 사이에 한글을 완전하게 받아들일 그 시기가 아이마다 분명하게 존재하고, 자연스럽게 받아들일 수 있는 적절한 때가 있습니다. 아직 준비가 되지 않은 아이들은 저마다의 속도가 약간씩 다른 것뿐이었지요.

현진이의 경우에는 시은이와 다르게, 7세 여름이 지나도 여전히 한글에 관심이 없었고, 따라서 난독현상을 가졌을 확률이 높습니다.

다른 아이들과 비교하면서 '언제 한글을 떼지?'라는 조급함을 느끼는 부모님이 있는 반면, '때 되면 다 하겠지'라는 막연한 생각으로 방관을 하고 있는 부모님도 있습니다.

우리 아이의 한글 발달이 시간이 지나 준비가 되면 발달할 수 있는 것인지, 시간이 지나도 한글을 받아들일 수 없는 분명한 어려움이 있는 상황인지 찬찬히 살펴볼 필요가 있습니다.

Key Point! 한글 깨치는 아이

아이가 곧 초등학교에 입학할 나이가 되어가는데도, 한글에 관심이 없으면 부모님은 초조하기 마련입니다. 그럴 때, 아이가 아직 준비가 덜 된 상태인지 살펴봐주세요. 여기서 중요한 것은 난독 증세가 있는지 없는지도 꼭 짚고 넘어가야 할 것입니다.

글을 읽는데,
난독이라고요?

　지수는 초등학교 3학년 여자아이였습니다. 지수는 처음 한글을 배울 때 오래 걸리기는 했지만, 글을 읽고 쓸 수 있었습니다. 학교에서는 종종 자리에서 일어나 소리 내어 읽기 활동을 했는데, 그때마다 지수는 더듬거리며 읽거나 조사를 생략, 서술 어미를 바꾸어 읽는 등의 잦은 실수를 보였습니다.

　엄마는 담임선생님으로부터 지수가 읽기에 어려움이 있음을 전해 들었고, 이것이 심리적인 문제인지 난독과 같은 어려움인지 확인해볼 것을 요청받았습니다. 지수의 엄마는 아이가 읽기를 싫어하는 것을 알고 있었지만, 이것이 난독으로 인해서 보이는 증상인지는 꿈에도 몰랐습니다. 지수의 엄마가 알고 있는 난독은 글자를 읽지 못하고, 쓰지 못하는 것이라고 알고 있었기 때문입니다.

요즘 난독증(Dyslexia)이라는 말을 많이 쓰지요? 초등 아이들의 문해력과 함께 난독에 대한 인식과 개념이 멀리 퍼진 듯합니다. 앞서 난독 아이에 대한 설명을 잠깐 언급한 바 있습니다. 난독은 글을 정확하고 유창하게 읽어내지 못하고, 철자 쓰기와 작문을 매우 어려워하는 학습장애 중 하나입니다.

난독은 글자를 못 읽는다는 이유 때문에 흔히 시각적인 문제에 기인한 것으로 생각되어 왔습니다. 그러나 기술이 발전하고 많은 학자들이 연구한 결과, 난독증은 후천적인 원인이 아닌, 기질적 원인으로 인한 뇌의 신경생물학적인 장애로 판명됩니다. 아직까지는 난독의 기질적 원인을 명확히 진단할 수는 없지만, 난독증은 신경생물학적 원인에 기인하는 '특정 학습장애'라고 볼 수 있습니다.

난독을 가진 사람들은 공통적으로 말소리의 가장 작은 단위들을 인식하고 처리하는 데 어려움을 겪습니다. 다시 말해, 음운처리능력의 결함으로 소리와 문자 대응이 어렵다는 뜻입니다. 음운처리능력의 결함이 왜 일어났는지에 대한 신경학적 손상의 원초적인 원인은 상세하게 알 수 없지만, 음운처리능력의 결함 때문에 글을 못 읽는 것은 여러 연구들을 통하여 밝혀졌지요.

느린 아이가 문자를 배울 때 보이는 오류들

난독을 보이는 아이들은 한글을 처음 배울 때, 속도가 현저하게 느립니다. 일단 재미를 못 느끼고 매우 하기 싫어하는 모습을 보입니다. 난독은 지능이 정상 범위에 속하기 때문에, 지능이 좋은 아이들은 글자를 못 읽지만 들은 것으로 외우는 전략을 쓰기도 합니다. 그래서 처음에는 뚜렷하게 난독이라고 판단하기에는 어려움이 있지요.

글자를 읽더라도 자음과 모음을 순서대로 읽는 데에 어려움이 있거나, 음절을 뒤바꾸어 읽거나, 조사와 어미 등을 생략합니다. 또는 조사와 어미를 대치하는 경우가 빈번하게 발생하며, 쓰기에서도 많은 오류를 보입니다. 받아쓰기뿐만 아니라, 글을 쓰는 작문에서도 능력이 매우 부족하여 힘들어하는 모습을 볼 수 있습니다.

아이에 따라 다르지만 대부분 고유명사, 전화번호 등을 듣고 그대로 말하거나 외우기를 힘들어하며, 단어를 잘못된 발음으로 알고 있는 경우가 많습니다.

난독은 시간이 지난다고 결코 자연스럽게 해결되지 않습니다. 말소리에 대한 체계를 바로 잡아주고 인지 형성을 제대로 해주어야만 극복할 수 있습니다.

난독을 정의할 때, 환경에 의한 읽기와 쓰기 문제는 제외됩니다. 예를 들어, 다문화 아이의 경우 충분한 문해 환경과 언어 자극을 받지 못함으로 읽기 쓰기에 어려움이 생길 수 있습니다. 이러한 문화적, 환경적 요인으로 인한 읽기 쓰기 문제는 난독 증상으로 분류되지 않습니다.

이러한 환경의 원인으로 읽기 쓰기에 어려움을 보이는 아이라도, 난독을 보일 때 주어지는 중재의 방법과 지원은 동일합니다. 근래 들어서는 아이가 난독증인가 아닌가 하는 정의보다 전반적 지원의 중요성이 대두되고 있습니다.

글을 못 읽는다면, 이것을 확인하세요

안타깝게도 난독증은 유전이 될 수 있습니다. 직계 가족 중 난독증을 가지고 있다면, 발생률이 높은 편입니다. 실제로 형제자

매가 함께 난독교육을 받는 경우가 많으며, 부모 중 한 사람이 난독이면 자녀도 난독인 경우가 많습니다.

난독은 전 세계 인구의 5~10퍼센트라고 합니다. 우리나라 초등학생의 경우 약 5퍼센트 내외로 읽기에 어려움을 보인다고 추산하고 있습니다. 문화, 환경적, 기타 장애로 인한 읽기와 쓰기 문제를 합하면 학령기 인구의 최대 15퍼센트 정도가 읽기 쓰기에 어려움을 보인다고 추정[2]됩니다.

만약 우리 아이가 다음과 같은 증상을 보인다면, 난독증일 수 있습니다.

- 일반적인 한글 학습을 6개월 이상 받았으나 여전히 읽기에 어려움을 보인다.
- 읽기에 대한 회피 행동이 높으며(미루기, 장난치기, 자리 이탈 등), 거부감이 심하다.
- 숫자 이름 대기, 과일 이름 대기 등 범주별 이름 대기를 빠르게 말하지 못한다.
- 듣기이해력이 낮고, 청각주의력이 떨어진다.
- 문자, 부호, 숫자 등의 시각기억력이 떨어진다.
- 읽는 속도가 현저히 느리다.
- 읽기 중 조사 생략, 대치 등의 잦은 실수를 보인다.

- 읽은 것을 이해하지 못하거나 기억하지 못한다.
- 끝말잇기를 이해하지 못하거나 수행하기 어려워한다.
- 초성 게임을 이해하지 못하거나 어려워한다.
- 글자를 뒤집어(Mirror image)서 쓰거나, 음절이나 단어를 뒤바꿔 읽는다.
- 친숙하지 않은 단어나 문단글 읽기를 어려워한다.
- 어릴 때 발음(조음)에 어려움을 겪었거나, 친숙하지 않은 단어와 새로운 단어를 발음하는데 어려움을 보인다.
- 숫자나 단어를 거꾸로 말하기를 어려워한다.

다음은 난독증을 정확히 확인할 수 있는 체크리스트입니다. 문항별 점수를 더해서 확인을 해보세요.

난독증을 확인할 수 있는 체크리스트

내용	전혀 아니다	거의 아니다	가끔 그렇다	자주 그렇다	항상 그렇다
글자를 쓰는 데 어려움이 있다.	1	2	3	4	5
자음과 모음의 이름을 배우는 데 어려움이 있다.	1	2	3	4	5
글자와 소리의 대응을 학습하는 데 어려움이 있다.	1	2	3	4	5

읽는 속도가 느리다.	1	2	3	4	5
읽기 수준이 학년 수준보다 낮다.	1	2	3	4	5
읽기와 쓰기의 문제로 인해 학교에서 추가적인 도움이 필요하다.	1	2	3	4	5

* 16점 미만: 저위험군, 16-21점: 위험군, 21점 이상: 고위험군

- 저위험군 : 읽기에서 어려움이 나타날 문제가 거의 없음
- 위험군 : 몇 가지 발달상 어려움(글자를 배우는 것, 추가적 도움이 필요한 것 등)이 읽기 어려움(난독)일 가능성이 있음. 읽기가 걱정이 될 때, 교사의 평가나 전문가의 평가 의뢰 추천
- 고위험군 : 발달상의 어려움(글자를 배우는 것, 추가적 도움이 필요한 것 등)이 읽기 어려움(난독)일 가능성이 있음. 체크 리스트의 거의 모든 증상을 경험하고 있을 가능성이 높음. 학교에서 공식 평가나 전문가의 심층 평가를 매우 권장함.

** 고위험군이 모두 난독이 아니며, 간이 체크리스트로 반드시 정확한 진단은 전문가에게 의뢰하여 평가를 받아야 함.

출처 : 서울시교육청 '난독학생지원가이드북'

Key Point! 한글 깨치는 아이

난독증은 음운처리능력의 결함으로 인하여 소리와 문자의 대응이 안 되는 증상입니다. 앞에서 제시한 체크리스트로 아이에게 난독증이 있는지 확인해보세요.

글을 못 읽던 아이의
속사정

한글을 알아야 할 적절한 나이가 지났고, 한글 교육을 시켰지만 그래도 우리 아이가 한글을 못 읽는다면, 그 진짜 이유는 따로 있습니다. 앞에서 이야기한 난독이지요. 난독은 이 책에서 정말로 하고 싶은 이야기이기도 하며, 난독 전문가인 제가 이 책을 집필할 수 있었던 큰 이유이기도 합니다.

난독 아이들은 일반적인 한글 교육을 받았음에도 효과를 크게 볼 수 없습니다. 보통의 교육에서 큰 이득을 보지 못하지요. 그래서 개별화된 중재 프로그램이 필요합니다. 개별화된 중재 프로그램은 아이의 상황과 수준을 면밀하게 판단하고, 단계에 맞는 체계적이고 명시적인 접근법을 말합니다.

앞에서 난독은 전 세계 인구의 5~10퍼센트라고 말했습니다. 우리가 아는 유명한 과학자, 미술가, 정치가, 사업가, 연예인 등 많은 사람들이 난독이 있었으며, 그로 인해 불편했지만 그것을 뛰어 넘어 성공했다는 이야기를 종종 들었을 것입니다. 우리 주변에도 알고 보면 난독으로 힘들어하는 사람들이 있을 수 있습니다. 어린 시절부터 난독을 알아채고 수용하여 교육을 받은 사람은 어려움이 없겠지만, 현재 성인들 중에 이른 시절부터 난독을 인식하고 적극적으로 대처한 경우는 많지 않을 것입니다.

드러나지 않는 숨은 학습장애

난독에서 핵심은 '지능은 정상'이면서 단어를 인지하지 못하고, 읽지 못하는 것입니다. 읽어내더라도 철자에 맞춰 쓰기를 어려워하며, 읽은 것을 이해하지 못하거나 어려워한다는 점입니다.

난독 아이들은 지능이 정상이므로, 더욱 알아차리기 힘든 '숨어 있는 아이'가 많을 수 있습니다. 난독은 특수교육 측면에서 '학습장애'에 속하는 유형입니다. 학습장애는 듣기, 말하기, 주의집중, 지각, 기억, 문제 해결, 읽기, 쓰기, 수학 등에서 현저하게 어려움을 겪는 것을 말합니다. 학습장애는 다른 장애(정서장애, 지적장애, 감각장애)나 환경적 요인(문화적, 경제적, 교수적 요인 등)은 함께 나타날 수 있지만, 이러한 다른 장애나 환경 요인이 직접적인 원인으로 나타나는 것은 아닙니다.

혹시, 우리 아이가 난독이라는 의심이 든다면, 반드시 정확히 확인하고 그에 맞는 학습을 꾸준하고 일관성 있게 해야 합니다. 난독 현상을 겪고 있음에도 치료실을 찾지 않는 가장 큰 이유는 '우리 아이는 읽을 수 있으니 난독이 아니다'라고 생각하는 착각 때문입니다. 그런데 그 착각을 부모, 보호자 중 어느 한 명이라도 품는다면, 치료실을 찾지 않을 가능성이 매우 높습니다.

실제로 치료실에 문의만 하고 방문하지 않는 부모님들이 많습니다. 부모 중 어느 한쪽의 반대나, 심지어 할머니, 할아버지의 반대 때문에 교육을 못 받는 사람들이 상당수 있습니다.

"읽을 수 있는데, 왜 난독이냐?"

이렇게 생각하는 독자 여러분도 많을 것입니다. 그러나 이런 생각은 적절한 시기를 놓쳐 예후가 나빠지는 매우 안타까운 상황에 놓이는 경우로 이어집니다.

난독이라도 지능이 높으면 높을수록 다른 전략들을 총동원하여 학업을 이어나가기에, 시험 성적이 좋게 나올 수는 있습니다. 그러니 주변에서는 더욱 난독을 의심하지 못하지요. 옆에서 보면 공부 잘하고 똑똑한 친구지만, 사실 그 친구의 입장에서는 학업에 대한 콤플렉스가 높을 수 있고, 자아효능감이 매우 낮으며, 성적과 자신의 능력 사이에서의 자괴감이 심하게 들 수 있습니다. 좋은 성적으로 대학에 진학한다 하여도, 학업과 취업에서 매 순간 큰 두려움과 부담감을 느낄 수 있습니다. 앞으로는 난독이 더욱더 조기 선별이 되어 숨은 난독 아이들이 없었으면 좋겠습니다.

표의문자와 표음문자의 차이를 아시나요?

여기서 드는 의문점 하나, 읽을 수 있는데 왜 난독이라고 할까요? 한글을 한자와 비교하며 설명하겠습니다.

한글은 매우 체계적이고 과학적이며 가장 쉽게 배울 수 있는 글자입니다. 그에 반하여 한자는 세계에서 가장 배우기 어려운 글자로 손꼽힙니다. 한글과 한자의 차이는 무엇일까요? 바로 표의(의미를 표시하는)와 표음(소리를 표시하는)에 있습니다. 한자는 글자에 의미가 내포되어 있고, 글자 자체에 어떤 닮은 모양이나 뜻을 담고 있습니다.

반면, 한글은 소리를 표시하는 '표음문자'라고 하는데, 소리를 기호화하여 소리가 나는 대로 글자 표기를 할 수 있습니다. 영어도 마찬가지이지요. 그런데 우리 한글은 영어와는 다르게, '글/자/하/나/하/나/' 음절체를 가집니다. 이 말은, 초성(첫소리 자음), 모음, 종성(끝소리 자음)이 명확하게 드러난 글자라고 말할 수 있습니다.

영어는 옆으로 나열하여 쓰고, 한글은 음절 하나씩 명확하게 자모음을 합쳐 씁니다. 영어는 이중모음과 이중자음이 길게 나열되어 있을 때, 어떻게 소리를 내어야 할지 고민되는 부분이 많습니다.

반면, 한글은 구개음화처럼 크게 소리가 변하는 부분을 제외하면 대부분 소리 내어 잘 읽을 수 있습니다. 그만큼 소리를 가장 잘 구현해내는 독특한 글자라는 말입니다. 그렇기에 반대로 글자 하나하나 외울 수 있는 글자도 한글이라고 할 수 있습니다.

모르고 지나가기도 합니다

지능에 문제가 없는, 기억력이 매우 좋은 느린 아이는 어떻게든 힘든 문제를 극복해내려고 자신이 가진 모든 인지적 자원을 힘껏 쏟아냅니다. 결국 거의 모든 음절체를 그대로 '외워버리는' 지경에 이르기도 합니다.

말소리를 정확하게 인식해서 그 말소리가 어떤 글자로 대응되는지, 공통음소에 대한 지각력 없이 외워버리는 것이지요. 음운에 대한 이해와 처리 과정 없이 그대로 외우면, 더 어려운 단어나 친숙하지 않은 단어가 나타날 때마다 '산 넘어 산'이 될 수 있습니다. 우리가 영어 공부를 몇 년 동안 학교에서 배워도 능숙하게 쓰기에 한계가 있는 것처럼 말입니다.

우리 아이가 아직 연령이 되지 않아 준비가 덜 된 미숙한 단계인지, 다른 발달상 문제 때문인지, 말소리에 대한 처리를 못하는 진짜 난독 증상으로 인해 글을 읽지 못하는 것인지 꼼꼼하게 잘 살펴볼 필요가 있습니다.

느린 아이가 한글을 깨치는 아이가 되기까지 어떤 놀이와 노력이 필요한지, 어떤 교육과정이 있는지 앎이 필요합니다. 어떻게 해야 결국 한글을 잘 읽고 쓰는 아이가 될 수 있는지 이 책을 끝까지 살펴보기를 바랍니다.

Key Point! 한글 깨치는 아이

한글을 이미 깨우치고도 남을 연령이 되었는데도 아주 기초적인 글자, 예를 들면 자신의 이름이나 '우유', '공'과 같은 자주 보는 단어나 쉬운 단어 등을 아예 인식하지 못하거나 겨우 몇 단어들만 아는 정도라면, 난독을 의심해 볼 수 있습니다. 읽긴 읽지만 음절 자체를 외워서 눈치로 글자를 읽는 잘 들어나지 않는 난독도 있으니, 아주 면밀하게 살펴봐수세요.

느린 아이, 충분히
배울 수 있습니다

치료실에 들어온 대상자를 대할 때, 조심스러운 부분이 한두 가지가 아닙니다. 대상자에 대해 섣부르게 속단하거나 단정하지 않으려고 아주 조심스럽게 접근하지요.

아이들이 각자 가진 인지적 능력과 장애 유무와 정도, 가정 과 학교 등의 환경적 요소 등이 모두 다르기 때문에 한 사람 한 사람 다르게 대해야 합니다. 어떤 아이들은 구어로 의사소통할 수 있고, 어떤 아이들은 발화를 못하지만 다양한 수단으로 의사소통을 하기도 합니다. 그렇기에 초기 상담과 수업을 진행하는 와 중에는 완벽히 치료된다고 확답은 못드립니다.

그러나 난독으로 진단된 아이의 부모님에게는 자신 있게 "난독은 충분히 극복할 수 있습니다"라고 말할 수 있습니다. 물론, 아이들마다 각자 능력과 환경이 다르지만, 난독은 지능과 인지적 어려움이 없거나 덜하기 때문에 전문화된 적극적 개입이 꾸준히 진행된다면, 단계에 맞춰 학습을 이어나갈 수 있습니다. 치료와 학습이 진행되다 보면 결국에는 유창하게 읽고 이해하고 자신의 생각을 작문할 수 있을 정도로 발전할 수 있습니다.

그런데 여기서 짚고 넘어가야 할 것이 있습니다. '충분히 극복 가능'이란 것에서, '극복'은 어떤 의미인지 말입니다.

극복은 사전에서 두 가지가 나옵니다. 하나는 극복(克復)으로 '이기어 도로 회복함 또는 본디의 형편으로 돌아감'이란 뜻이고, 또 하나는 극복(克服)으로 '악조건이나 고생 따위를 이겨냄'이란 뜻입니다. 비슷해 보이지만 첫 번째 극복은 역사적, 국가적 맥락에서 쓰이고, 두 번째 극복은 개인적, 사회적 맥락에서 쓰이는 말입니다. 그리고 그 뜻을 달리하는데 '복' 한자가 다르지요. 일상에서 자주 쓰고, 제가 말한 '난독은 충분히 극복할 수 있다'라는 말은 당연히 두 번째 뜻이겠지요.

제 스승이신 국민대학교 양민화 교수님께서 난독에 대해 이렇게 말씀해주셨는데, 난독에 대한 제대로 된 정의와 친절한 설명이라고 생각됩니다. 교수님께 허락을 받고 여러분과도 공유합니다.

"폐가 약하게 태어난 아이가 있다고 생각해보세요. 그럼 그 아이는 폐렴에 걸리기 쉽겠지요? 만약 폐렴에 걸렸다면, 당연히 치료적 처치로 폐렴이 나을 수 있습니다. 그러나 나은 뒤에도 폐가 약하기 때문에 언제든 폐렴이나 다른 폐 질환에 취약할 수밖에 없습니다. 그래서 그 아이가 아프지 않도록 우리는 더 열심히 예방주사를 놓아주고, 감기에 걸리지 않도록 주의하고, 마스크를 착용하거나, 목에 스카프를 두르거나 따뜻한 물을 자주 마시게 할 것입니다.

아이가 폐가 약하다고 해서, 생활에 크게 불편함이 없겠지만 항상 취약성은 가지고 있겠지요. 난독 또한 그러합니다. 모든 아이들이 글자를 깨우치는 그 골든타임에 글을 읽고 쓸 수 있도록 도와준다면, 그 아이는 다른 친구들과 크게 다르지 않게 성장할 수 있겠지요. 그러나 교과과정이 어려운 시기, 예를 들면 초등학교 3학년 이상부터는 난독의 취약성이 작동할 수 있습니다. 어떤 아이는 자신의 다른 능력들(언어능력, 경험, 배경지식, 사회성, 적극성 등)이 그 취약성을 보완해주는 반면, 어떤 아이는 빈약한 인지적 자원의 한계로 학습의 난이도가 높아질수록 취약성이 더 두드러질 수도 있습니다. 이러한 점을 우리 부모님들이 잘 이해하고 한 인간으로서의 성장 동력을 키워준다면, 난독은 충분히 극복 가능한 것입니다."

극복이란 단어가 어떤 이에게는 아무 문제없이 없었던 것처럼 '완벽하게'라고 이해될 수 있겠지만, 어떤 이에게는 어려운 조건에도 이겨낸 '무리 없음'으로 이해해야 할 것입니다.

아이의 무한한 가능성을 믿으세요

저는 언어재활사로 일하며 청각장애 아이들을 오랫동안 만나 왔습니다. 대부분의 청각장애 아이들은 영아기에 인공와우 수술을 받고, 전문적이고 지속적인 맵핑, 청능, 언어재활을 꾸준히 받습니다. 그렇게 점차 발달하여 말을 듣고 표현하는 의사소통에 큰 어려움 없어 일반학교에 진학할 수 있고, 완전 통합(특수반 도움 없이)으로 학습하는 일이 가능합니다. 물론, 청각장애 아이들 중에서도 아이가 가진 인지적 능력과 지능, 환경적 관심과 지원, 수술의 성공 여부와 재활의 전문성, 동반 장애 유무 등에 따라 예후가 달라지기는 합니다. 그럼에도 상당수 아이들은 통합 교육에 무리가 없고, 다양한 직장생활이 가능할 정도로 좋은 예후를 보입니다.

청각과 마찬가지로, 아니 그보다 더 자신 있고 확실하게 극복 가능한 영역이 난독이 아닐까 싶습니다.

아직까지는 국내에 난독이 종결된 아동과 청소년, 성인에 대한 종단적 연구가 진행된 바는 없습니다. 그러나 국외 연구들에서는 골든타임에 체계적 지원을 받았던 대상자들이 시간이 지나서도 글을 읽고 쓰는 능력을 잃지 않고 잘 유지하는 것으로 보고되고 있습니다.

종단적 연구는 아니지만, 국민대학교 읽기쓰기크리니컬센터인 ERiD센터에서 난독 종결 후, 아동들을 대상으로 추적 관찰한 결과, 학교생활과 생활 전반에 큰 불편함 없이 읽기 쓰기 능력을 유지하는 것으로 보고되었습니다. 저희 한글로언어학습연구소에서도 난독 종결 후, 부모님에게 연락을 해보면, 큰 무리 없이 생활하고 있다는 소식을 듣곤 합니다.

얼마 전, 치료실에서 난독 증상이 있는 초등학교 저학년 아이와 나눈 대화가 기억납니다.

"선생님, 유명한 사람들은 난독이 많대요. 그 사람들도 힘들었을까요?"

"그 사람들에게 난독은 어떤 의미였을까? 목표를 이루기 위한 방해였을까? 아니면, 오히려 난독에 좌절하지 않고 목표를 이뤄낼 수 있었을까? 도리어 난독을 극복했다고 더 유명해진 것은 아닐까?"

그러고 나서 아이에게 '꿈이 뭐냐'고 물었습니다. 아이는 '사업가가 꿈'이라고 했습니다. 어떤 사업인지는 말하지 않았지만, 꿈을 바로 말할 수 있는 그 아이에게 저는 웃어 보이며 유명한 사업가가 되기를 바란다고 이야기했습니다.

여전히 수업 시간에 장난치기 좋아하고, 어떻게든 수다를 떨려는 아이지만, 그 아이의 앞날에 난독이 걸림돌이 되지 않도록, 오히려 자신이 난독이었지만 잘 극복하였다고 자신 있게 말할 수 있기를 바라며 함께 열심히 수업을 하고 있습니다.

자신 있게 말할 수 있습니다. 난독 현상을 보이는 모든 읽기 쓰기가 어려운 아이들, ADHD, 학습이 부진한 아이들도 모두 꾸준히 한글 학습을 한다면, 글을 읽고 이해할 수 있습니다.

단순히 우리 아이가 글을 못 읽는다고만 생각하지 말고, 전인적 관점에서 읽기 발달이 전 생애에 걸쳐 일어나는 것을 이해해야만 합니다. 우리 아이들이 연령에 따라 필요한 기술들을 습득하고 쓸 수 있도록 계속적 주의를 기울이며 충분히 대처 가능하도록 돕는 일을 잊지 마세요. 그렇다면, 우리 아이는 충분히 극복할 수 있습니다. 아이들의 발달상 나타나는 여러 장애나 어려움 중에 난독은 극복할 수 있으니, 가장 희망적인 예후를 기대해보기를 바랍니다.

자라나는 아이들에게는 무한한 가능성이 있습니다. 그 무한한 가능성이 학습에서 나타날지, 예술적 감각에서 나타날지, 신체적 운동에서 나타날지 모릅니다. 그 무한한 가능성에 대한 믿음으로 함께 힘을 모으면 충분히 극복 가능합니다. 각자 다른 강점을 가진 아이들을 믿어주세요.

Key Point! 한글 깨치는 아이

느린 아이라도 꾸준히 한글을 학습한다면 충분히 극복할 수 있습니다. 그렇기에 아이의 증상을 숨기지 않고 두려워하지 않고 적극적으로 드러내고 대응하기를 바랍니다.

한글에 관심 없는 아이

> "
> 6세 남아인데, 한글에 도통 관심이 없어서
> 마음이 타들어가요. 어떻게 하면 좋을까요?
> "

우진이라는 아이의 사례를 들어보겠습니다. 우진이는 5세부터 한글 학습지를 했지만, 한글에 도통 관심이 없었지요. 어릴 때부터 말을 잘한다는 이야기를 들었고, 엄마는 늘 책을 읽어주었기에 우진이가 한글을 빨리 떼지 않을까 내심 기대도 높았습니다. 그렇지만 우진이는 한글 학습지만 보면 도망가고 딴청을 피우거나 회피했습니다.

엄마는 이것 때문에 다툼이 심해지자 학습지를 중단했습니다. 그 뒤로, 아이와 얼굴 붉힐 일이 줄어들었고, 재미있게 유치원 생활을 즐겼습니다.

7세 유치원 2학기 때 유치원에서 학교 준비를 위한 한글 놀이 수업을 진행했습니다. 우진이는 엄마에게 유치원에서 배우는 한글 공부가 재미있다고 말하기 시작했습니다. 우진이는 자신의 속도와 맞지 않게 너무 이르게 한글 교육에 노출이 되어 '한글=재미없음'으로 연결되었던 것입니다. 엄마가 잔소리를 늘어놓거나 재촉하는 모습이 아이에게는 힘들었던 것이었지요.

간혹 어떤 부모님들은, 아이가 언어 능력이 높지 않거나 또래에 비해 떨어지는데, 언어 능력에는 어려움이 없다고 오해하는 경우도 있습니다.

한글은 보통 초등학교 입학 전, 7세에 한글 교육을 가장 잘 받아들일 수 있습니다. 다만, 7세 이전이라도 아이에 따라 일찍 잘 받아들이고 한글 습득이 가능하기도 합니다. 초등학교 입학 전, 7세 여름이 되었을 때 한글 습득은 반드시 확인해보세요. 7세 여름과 가을을 이용하여 한글 학습을 받았음에도, 여전히 힘들어한다면 난독의 위험성이 높은 편입니다.

친숙한 어휘의 글자에서 자음과 모음 이름과 소리 등이 어떤지 자모지식을 찬찬히 알려주는 것이 좋습니다. '소리-글자 일치형'의 쉬운 글자 읽기부터 시도해보세요. 중요한 것은 꾸준한 책 읽기, 말소리 놀이, 다양한 경험입니다. 앞으로 이런 한글 공부법을 차근차근 알려드리겠습니다.

*

*

*

2 부

읽기 쓰기를
빠르게 키우는
6가지 방법

•1단계•

'음운인식'이
우선입니다

활자지식과 자모지식을
확인하세요

느린 아이가 한글을 깨치기 위해서는 총 여섯 가지가 수반되어야 합니다. 바로, 읽기 영역 다섯 가지와 작문 영역 한 가지입니다. 읽기 영역은 음운인식, 파닉스, 어휘, 읽기 유창성, 읽기 이해이며, 반드시 스스로 글을 지어보는 작문 활동까지 고려해야 합니다.

음운인식　　파닉스　　어휘　　읽기 유창성　　읽기 이해　　작문

음운인식	음절/음소인식 과제	(소리 대응 기반 원리)
파닉스	소리-낱자 일치형 단어	소리-낱자 불일치형(음운규칙)
어휘와 읽기 유창성	단어 읽기 유창성	어휘 교수와 글 읽기 유창성
읽기이해	문자 이해	읽기 전/중/후 활동
쓰기/작문	글씨 쓰기/철자 쓰기	문장/문단글 작문

느린 아이를 지도하기 전에는 정확한 평가와 분석은 필수입니다. 아이가 활자지식과 자모지식은 잘 갖추어져 있는지, 음운인식능력과 해독능력이 어떠한지 면밀히 살피고, 쓰기 능력까지 확인하여 아이의 강점과 약점을 잘 파악합니다. 정확한 평가와 임상적 진단은 아이의 단계에 맞는 정확한 장단기 목표를 설정할 수 있게 합니다. 설정된 단계에 따라 명시적이고 체계적으로 알려줍니다.

한글은 이 다섯 가지 영역이 골고루 발달해야 언어 능력, 읽기 능력과 쓰기 능력이 일취월장됩니다. 특히 음운인식과 파닉스는 반드시 완벽하게 학습되어야 합니다. 대충 '잘 읽는 것 같다'라는 생각으로 넘어가면, 모래 위에 집을 짓는 것이나 다름없습니다.

난독중재 전문가라면 음운인식과 파닉스에서 목표 정반응을 최소 95퍼센트 이상이 되도록 이끌어야 하며, 단계를 조정하기 전, 진전도평가(Curriculum-Based Assessment: CBA)를 진행하여 학습의 유무를 반드시 파악하여야 합니다. 만약 진전도 평가에서 낮은 수행률을 보였다면 다시 돌아가고, 낮은 반응률에 대한 원인을 다시 살펴어 더 효과적으로 지도합니다.

글자의 의미를 아는 것, 활자지식

활자지식(Print awareness)이란, 활자(활판이나 워드 프로세서 등으로 찍어낸 글자)에 대한 개념을 이해하고, 활자 기능에 대한 지식을 아는 것을 말합니다. 쉽게 말하면, 종이나 간판, 화면에 쓰여 있는 글자를 인식하고 그것에는 소리와 의미가 있음을 알아채는 것을 말합니다. 그래서 아이들이 이 기능에 주목하여, '활자'라는 것이 언어를 전달하는 하나의 매개체로 인식하도록 하는 것은 매우 중요합니다.

활자는 그림과는 다릅니다. 아이들이 간판의 로고나 그림책의 그림 등을 보고 아는 것이 아닌, 쓰인 글자를 보고 거기에는 소리가 담겼음을 이해해야 한다는 뜻입니다. 더 나아가 글을 쓰고 읽는 방향을 지켜야 한다는 점도 알아야 합니다.

각 나라의 글자 체계마다 활자의 방향이 다르지만, 대부분 가로로 써진 활자는 왼쪽에서 읽기 시작하여 오른쪽 방향으로 읽어야 하며, 세로로 써진 활자는 위에서 읽기 시작하여 아래로 읽습니다. 또, 덩이글에서 한 줄이 끝나면 바로 아랫줄 맨 왼쪽부터 다시 읽어야 합니다.

이러한 활자지식은 아주 어릴 때부터 책을 접하면서 자연스럽게 터득하기 마련입니다. 누가 일부러 알려주지 않아도 책을 접하는 경험을 하면 발달됩니다. 아주 어린아이라도 책 제목을 짚고 일부러 읽는 척하는 모습은 이러한 활자지식이 아주 잘 발달하고 있다는 증거입니다. 우리 아이가 활자지식이 잘 형성되어 있는지 다음 문항에서 잘 확인해보세요.

□ 책의 앞뒤를 구별한다.

□ 책의 제목이 어디에 있는지 안다.

□ 책을 쓴 작가의 이름과 출판사 이름이 어디에 있는지 안다.

□ 그림과 글을 구분할 줄 안다(글이 써진 부분을 가리킬 수 있다).

□ 글을 어디서부터 읽기 시작해야 하는지 알고 있다.

□ 글을 아직 잘 못 읽더라도 손가락으로 글씨를 왼쪽에서 오른쪽 방향으로 짚으며 읽는 척 한다(이와 더불어서 책을 넘길 때에는 오른쪽 장을 오른쪽에서 왼쪽으로 넘겨야 한다는 것을 안다).

□ 어떤 내용, 또는 어떤 단어가 써 있는지 질문한다.

이 외에도 활자지식을 살펴볼 수 있는 부분은 많지만, 가정에서 부모님이 손쉽게 확인할 수 있는 부분들을 언급했습니다. 활자지식은 낱말 읽기에 매우 중요하게 작용하며, 말과 글이 서로 관련성이 있음을 알려주기에 이러한 활자지식이 많은 아이일수록 추후 낱말 읽기 실력이 높아진다는 연구 결과도 있습니다.[3]

실제로 저희 아이는 25개월 전후로 좋아하는 책의 제목을 짚으며 이야기하거나, 27개월 경에는 좋아하는 책의 내용을 외워 손으로 짚어가며 읽는 척을 했습니다. 저는 그런 아이를 위해 그림책에 크거나 굵은 글씨로 강조된 부분들은 손가락으로 짚어가며 재미있게 연기를 했습니다. 아이가 글씨를 외워서 그것을 읽기 바라는 마음이 아니라, 여기에 그러한 재미있는 말이 있다고 자연스럽게 알려주고 싶었지요.

활자지식을 활성화시키면, 아이는 책을 아주 좋아하고, 주변의 간판이나 전단지 등을 유심히 보고 관심을 기울이는 모습을 보입니다. 활자지식은 다양하고 풍부한 환경을 제공하면 반드시 높일 수 있습니다. 대부분의 아이들은 자연스럽게 활자지식을 키우고 있지만, 부모님들이 이러한 내용을 숙지한 채 아이와 상호작용한다면, 더욱더 유의한 한글 공부를 하는 아이로 성장할 수 있습니다.

글자의 모양을 아는 것, 자모지식

자모지식(Letter Knowledge)이란, 자음과 모음의 생긴 모양과 이름, 소리를 아는 것을 말합니다. 낱말을 읽기 위해서는 꼭 필요한 지식이지요. 이러한 자모지식은 난독 아이의 읽기와 쓰기를 예측하는 요인으로, 음운인식, 음운 기억, 음운 처리 속도, 자모지식 중 유일하게 통계적으로 유의한 요인이라는 연구[4]가 있습니다.

실제로 치료실을 찾았던 두 명의 아이, 시겸이와 윤오가 그러했습니다. 시겸이와 윤오는 모두 초등학교 1학년이었고, 골든타임에 난독 중재를 시작하였지요.

시겸이는 평가 당시, 모든 자음과 모음의 이름을 알고 있었지만, 일반적 한글 교육에 효과를 보지 못했습니다. 그래도 '가'부터 '히'까지 음절표를 외우고 있었습니다. 윤오도 마찬가지로 일반적인 한글 교육에서 효과를 보지 못하였지만, 시겸이와 달리 자음과 모음 이름을 거의 모르는 상태였습니다. 두 명 모두 기본 모음부터 지도해야 하는 상태는 똑같았지만, 알고 있는 자모지식의 정도는 차이가 있었습니다.

시겸이는 일주일 만에 기본 모음 단계를 습득하였으나, 윤오는 3개월 만에 기본 모음 단계를 습득했습니다. 자모지식의 유무에 따라 난독 중재시 받아들이는 반응 속도에서 차이가 난 것입니다. 물론, 아이가 가진 인지적 능력이나 다른 능력의 차이, 부모님의 관심과 복습 등 여러 상황도 고려해야겠지만요.

난독 아이들은 자음의 이름을 정확히 표현하지 못하고 유사한 단어로 많이 표현하는 특징도 가지고 있습니다. 예를 들어 '기역'을 "기억", "기윽"으로 잘못 발음하거나, '시옷'을 '시옷', '디귿'을 "디으-ㄷ", '티읕'을 "티근" 등으로 잘못 말하는 경우가 많습니다. 난독이 없는 아이들과 성인들도 자음의 이름을 모두 정확하게 표현하기 어려울 수 있습니다.

자모지식이 중요한 이유는 다음에 나오는 자음 이름에서 찾아볼 수 있습니다.

- 자음 이름: 기역, 니은, 디귿, 리을, 미음, 비읍, 시옷, 이응, 지읒, 치읓, 키읔, 티읕, 피읖, 히읗, 쌍기역, 쌍디귿, 쌍비읍, 쌍시옷, 쌍지읒

자음 이름들은 각각 초성에서 한 번, 종성(받침)에서 한 번 쓰임입니다. 자음 모양이 같지만, 초성에서의 소리와 받침에서의 소리는 다름을 분명하게 알려줍니다. 특히 대표적 7종성(ㄱ,ㄴ,ㄷ, ㄹ,ㅁ,ㅂ,ㅇ) 외, 다른 자음들은 7종성 중 하나의 대표적 소리로 발

음된다는 사실을 알려줍니다. 예를 들어, 종성에서 /ㅅ,ㅈ,ㅊ, ㅌ,ㅎ,ㅆ/은 종성/ㄷ/로 발음되고, 종성에서 /ㅍ/은 종성 /ㅂ/ 으로, 종성에서 /ㅋ, ㄲ/은 종성 /ㄱ/으로 발음되는 것이지요.

또 모음 소리를 학습할 때, 자음지식이 풍부한 아이들은 모음 앞의 'ㅇ'은 소리가 나지 않는다는 사실을 잘 받아들입니다. 간혹 가다 어떤 아이는 'ㅇ'이 소리가 있다고 주장하기도 하고, '아'는 읽지만 'ㅇ' 없이 단독으로 쓴 'ㅏ'는 읽지 못하는 경우도 있습니다.

난독 아이들은 자음이나 모음의 생김새가 비슷하게 생기면 생길수록 혼동하는 경우가 높습니다. 특히 자음에서 /ㄱ,ㅋ,ㄲ/, /ㅈ,ㅉ,ㅊ/, /ㄷ,ㄸ,ㅌ/, /ㅂ,ㅃ,ㅍ/, /ㅅ,ㅆ/ 등 같은 계열에서 서로 관련이 있음을 시각적으로 비슷하게 표시하여, 분별해내는 데 어려움을 보입니다. 음소 인식력, 즉 민감성이 높지 않은 상황에서 시각적으로도 비슷한 자음들을 많이 헷갈려 하는 것이지요. 이는 모음에서도 마찬가지입니다. /ㅏ,ㅓ/, /ㅜ,ㅗ/, /ㅡ, ㅣ/등 소리가 헷갈리기 때문에 모음 획의 방향이 어느 쪽이었는지 혼동합니다.

아이들에게 자모지식을 차근차근 하나씩 알려주는 것이 성공적 낱말 읽기의 초석이 될 수 있습니다. 또 우리 한글은 '표음문자(소리를 나타내는 글자)'이기 때문에 자모지식이 더욱 중요하게 작용되는 것입니다. 그렇기 때문에 반드시 자모지식에서 자음의 소리, 즉 '음가'를 알아야 합니다. 우리말은 '초성(자음)-중성(모음)-종성(자음)'의 음절이 이루어져 있어, 각각의 위치에서 자음이 어떻게 소리 나는가에 대한 지식을 반드시 알려주어야 합니다. 그래야 음소인식 과제를 진행할 수 있고, 파닉스를 수행할 수 있습니다.

초성 자리에서 자음은 아래의 그림처럼 모음 'ㅡ'가 들어가듯이 소리를 내주어야 합니다. 주의해야 할 것은 모음 'ㅡ'를 넣어 "그"라고 발음하지 않는 것입니다. 'ㅡ'는 들릴 듯 말듯, 최대한 에너지를 빼고 자음 소리에 집중하여 소리를 내어야 합니다. 마찬가지로 종성 자리에서 자음은 모음 'ㅡ' 밑에 오는 소리처럼 발음해야 합니다. 'ㅡ'는 소리를 거의 내지 않고 오로지 마지막

끝소리에만 집중하여 소리를 내보아야 합니다.

Key Point! 한글 깨치는 아이

난독 중재를 받기 전, 활자지식과 자모지식이 잘 형성되어 있는지 먼저 확인해보세요. 또한, 반드시 자음과 모음의 음가를 소리 내어 연습해보세요. 머리로 쉽게 되어도, 막상 입으로 소리를 내어 보면 익숙하지 않아 어떻게 소리를 내야 할지 난감해하기도 합니다.

음운인식은
음소인식이 관건입니다

음운인식(Phonological Awareness)이란, 언어 소리 구조에 관한 지식들로, 여러 단위의 말소리를 인식하고 조절하며 다룰 줄 아는 능력[5]을 말합니다. 음운인식과 음소인식 용어를 함께 많이 사용하는데, 말소리를 더 이상 나눌 수 없는 가장 작은 단위인 음소(Phoneme)를 조작하는 것이 음소인식(Phoneme Awareness)입니다. 음소인식에 대해 1998년 스타노비치(Stanovich) 학자는 '말소리에 대한 민감성(Sensitivity to Speech Sound)'이라고 정의하기도 하였습니다. 굉장히 비슷해 보이지만, 음운인식이 좀 더 포괄적인 용어로, 음소인식과 음절인식, 단어인식과 문장인식을 모두 포함합니다.

난독을 겪는 느린 아이들이 음운인식의 결여로 인하여 읽기에 어려움을 보이는 것이지요. 때문에 '음운인식'과 '음소인식'에 대해 아는 것은 매우 중요합니다. 특히 음소인식의 능력이 바탕이 되어야 낱말 읽기와 쓰기의 과정을 수행할 수 있습니다.

음소인식능력은 글자가 관여하는 능력은 아니지만, 말소리의 민감성을 키워 다양하게 조작함으로서 파닉스를 더욱 잘할 수 있도록 도와줍니다. 활자지식과 자모지식이 성공적 낱말 읽기의 초석이라면, 음소인식은 성공적 낱말 읽기와 쓰기에 열쇠라고 부를 수 있습니다.

음운인식 능력을 확인하고 강화하기 위해서는 다음과 같은 과제들을 잘 수행해야 합니다.

1) 음절인식 과제

- 음절 세기: '강아지'는 몇 음절일까? → 3음절
- 음절 확인: '강아지', '강도', '강물'에서 똑같은 소리는? → '강'
- 음절 변별: '강아지', '고양이'는 첫소리가 같은가? 다른가?
  → 다르다. '강'과 '고'
- 음절 합성: '강', '아', '지'가 만나면 어떤 말이 될까? → '강아지'
- 음절 생략: '강아지'에서 '강'을 빼면 어떤 말이 될까? → '아지'
- 음절 첨가: '아지' 앞에 '강' 소리를 넣으면 어떤 말이 될까?
  → '강아지'
- 음절 분절: '강아지'를 각각 1음절씩 말하면? → '강', '아', '지'
- 음절 대치: '강아지'에서 '강' 대신 '망'을 넣으면? → '망아지'
- 음절 도치(거꾸로 말하기) : '강아지'를 거꾸로 말하면? → '지아강'

2) 음소인식 과제

- 음소 세기 : '곰'은 몇 개의 소리가 있을까? → 3개
- 음소 확인 : '곰'과 '강'에서 똑같은 소리는? → ㄱ
- 음소 변별 : '곰'과 '김'은 (음소) 소리가 같을까? 다를까? →
  ㄱ가 같다.
- 음소 합성 : 'ㄱ', 'ㅗ', 'ㅁ'을 합치면 어떤 소리가 될까? → '곰'

- 음소 생략 : '곰'에서 'ㅁ'을 빼면 어떤 소리가 될까? → '고'
- 음소 첨가 : '임'에 'ㄱ'를 넣으면 어떤 소리가 될까? → '김'
- 음소 분절 : '곰'을 작은 소리로 나누어 말하면? → ㄱ, ㅗ, ㅁ
- 음소 대치 : '곰'에서 'ㄱ' 대신 'ㅂ'를 넣으면? → '봄'

여기서 '변별'은 소리가 같다/다르다를 구별하는 것입니다. '첨가'는 이미 있는 소리에 음절이나 음소를 추가하고, 분절은 각각의 음절과 음소로 나눈다는 뜻입니다.

위에 예시 문제뿐만 아니라 다양하게 문제를 구성하여 과제를 진행할 수 있습니다. 아직 한글을 배우지 않은 만 5세 전후의 아이들도 음절 인식과제는 충분히 수행할 수 있으며, 이러한 음절 인식과제부터 어려움을 보이는 아이들이 난독을 보일 위험군일 확률이 높을 수 있습니다.

Key Point! 한글 깨치는 아이

난독증 치료를 받기 전에 음절인식, 음소인식을 먼저 이해하고, 전문적인 읽기 프로그램을 확인해보세요.

느린 학습자에게
필요한 것

이 책에서 언급하는 '느린 학습자' 곧, '발달이 느린 아이'는 시간이 해결해주는 단순한 속도의 차이가 아닌, 여러 발달 영역에서 장애의 가능성이 있거나, 지능지수가 경계선급에 해당될 수 있는 아이들을 말합니다. 발달이 느린 아이들은 한글을 배워 나가야 할 시기에 한글에 관심이 없거나 학습하기 매우 어려운 모습을 보일 수 있습니다.

한글을 읽기 위해서는 기본적으로 언어 능력과 지적 능력이 뒷받침되어야 가능합니다. 발달이 느린 아이들은 연령별로 발달해야 할 모든 영역에서 어려움을 보일 수 있기에 한글을 읽는 능력 또한 적절한 연령에 발달하지 못할 가능성이 있습니다. 물론, 발달이 느린 아이라고 해서 한글을 읽을 수 있는 능력이 아예 없다는 뜻은 아닙니다. 다만, 글을 읽고 쓰는 능력은 아이의 발달과 상당히 밀접한 관계가 있습니다.

발달이 느리더라도, 아이가 말을 이해하고 표현하는 아주 기본적인 의사소통이 가능하다면 글을 읽고 쓸 수 있는 능력을 충분히 배울 수 있습니다. 다시 말해, 구어(입으로 하는 언어), 수어(손으로 하는 언어), AAC(Augmentative and Alternative Communication, 보완대체의사소통: 구어로 의사소통하기 어려운 사람들이 다른 수단과 방법으로 자신의 생각을 표현할 수 있도록 돕는 수단) 등 어떤 수단으로도 의사소통이 가능하다면 글은 누구나 배울 수 있다는 뜻입니다.

느려도 글자를 잘 읽을 수 있습니다

발달이 느린 친구들 중에는 글자에 더 뛰어난 면을 가진 아이들도 있습니다. 바로 '자폐성 범주 장애'에 해당하는 아이들이지요. 자폐 스펙트럼 성향을 보이는 아이들 중에는 어린 시절부터 알파벳과 한글, 숫자에 관심을 보이고, 그 관심을 뛰어 넘어

과도한 집착을 보이기도 합니다. 그러나 글자와 소리가 일대일 대응되는 일치형 수준에서의 해독은 뛰어난 반면, 음운 변동이 일어나는 불일치형 수준의 해독이나, 글이 담는 의미까지 이해하기에는 상당한 어려움이 있습니다.

아이가 어릴 때부터 알파벳과 한글을 스스로 깨우치고 읽는 모습을 보이면 부모님이나 주변인들은 똑똑하다고 생각할 수 있습니다. 조심스러운 말이지만 실제로는 높은 확률로 자폐성 범주에 해당하는 경우가 많습니다. 우리 아이가 전반적으로 소통에 어려움 없이 한글을 습득하는지, 유독 집착적인 행동이나 과도한 관심으로 한글을 좋아하는지 유심히 살펴볼 필요가 있습니다.

나이가 어린 영유아 시기 아이에게 장애 유무를 언급하거나 그럴 가능성을 이야기하는 것은 매우 조심스럽습니다. 특히 실제로 발달이 느린 아이들을 가르치는 선생님이라면, 아이에 대해 섣부르게 속단하거나 단정을 짓는 일은 삼가야 합니다. 불안한 마음을 지닌 부모님에게는 말 한마디가 천국과 지옥을 오갈 수 있기에 항상 조심스러워야 하지요.

비록 영유아 시절에 발달이 지연되는 아이더라도, 실제로 많은 지원과 중재를 제공하면 이전보다 더 발전되는 모습을 보이기도 합니다. 나중에는 또래와 어울리기에 어려움이 없을 정도로 발달하는 경우도 있습니다. 현재 우리 아이가 어리고, 다른 아이와 비교하였을 때 부족한 부분이 많다고 생각하여 부정적인 생각과 끊임없는 걱정에 사로잡히지 않기를 바랍니다. 아이들은 끌어주고 밀어줄 때 더욱더 큰 성장을 보입니다.

느린 학습자에게 한글 교육을 하려면

요즘 '경계선 지능', '느린 학습자'라는 단어가 사회적 이슈로 떠오릅니다. 그만큼 이러한 아이들이 늘어난다는 방증이겠지요. 아이들을 지도하다 보면, 저마다의 속도는 분명합니다. 그런데 충분한 시간이 지났음에도 자신만의 속도로 추격하기 너무나 바쁜 아이들이 있습니다. 바로, 우리가 느린 학습자로 부르는 아이들입니다. 느린 학습자, 즉 경계선 지능 아이들은 대체로 지능지수가 웩슬러 검사 기준 70~79점, DSM-5[6] 기준 71~85점을 가리킵니다.

연호의 엄마는 아이 교육에 관심이 높은 편이었습니다. 4세부터 아이의 오감과 인지발달에 좋다는 조기 교육 프로그램을 구입하여 공부를 시켰습니다. 5세 때부터는 한글을 빨리 깨치게 하려고 한글 프로그램 교육도 받았습니다. 6세부터는 영어 유치원을 보냈고요.

그런데 연호가 7세가 되었을 때, 그동안 돈과 시간을 들인 만큼 더 높은 수준의 발달과 학습 성과를 보이는 것 같지 않았습니다. 엄마의 마음은 조금씩 불안해져갔지요. 학교를 갈 시기가 다가오자 엄마는 따로 시간을 내어 연호에게 한글 음가를 하나씩 직접 알려주며 더욱 한글 학습에 매진했습니다.

1학년 1학기 때, 연호는 웬만한 단어는 익힌 듯 보였습니다. 엄마는 잠시 마음을 놓았지요. 그런데 1학년 2학기가 지나고 연호의 친구들이 글을 읽는 모습을 보고 깜짝 놀랐습니다. 연호의 친구들은 연호가 읽는 수준보다 훨씬 더 빠르게, 유창하게 한글을 읽었습니다. 그제야 엄마는 연호에게 어딘가 부족함을 느꼈습니다. 연호에게 어떤 문제가 있는지 걱정이 되었습니다. 그러다 문득 지능검사가 떠올랐습니다.

사실, 학교 가기 전에 지능검사를 받아보라는 여러 엄마들의 말을 들었지만, 아직 한글이 완벽하지 않으니 점수가 높게 나오지 않을 것이란 생각 때문에 검사를 미뤘지요. 엄마는 아이가 2학년이 되기 전에라도 지능검사를 받아보는 편이 좋을 것 같아서, 겨울 방학을 이용하여 근처 병원에서 지능검사를 받게 했습니다. 연호의 지능검사는 71점이었지요. 그동안 교육에 많은 힘을 쏟고 누구보다 열심히 했다고 생각했던 엄마는 자신의 기대보다 낮은 점수를 보고 충격을 받았습니다. 왜냐하면, 웩슬러와 DSM-5 점수에서는 경계선 지능 아이에 속하기 때문입니다.

망연자실한 연호 엄마에게 확실히 해줄 수 있는 말은, 지능검사 점수가 아이의 모든 능력을 말해주지 않는다는 것입니다. 또한 앞으로 체계적이고 명시적으로 읽기 쓰기를 지속적으로 학습한다면, 당연히 더 좋아질 수 있습니다. 난독 현상을 보이는 모든 아이들에게 지원하는 중재의 방법은 크게 다르지 않습니다. 원인이 무엇이든 간에 느린 학습자라도 지속적 교육이 주어진다면 충분히 배워나갈 수 있습니다.

학령기 보호자들은 저에게 다음과 같은 공통 질문을 합니다.

"선생님, 아이 지능이 높아질 수 있나요?"

아이의 지능지수에 좌절하고 충격을 받은 대다수 부모님이 가장 궁금해하는 물음이 아닌가 싶습니다. 부모님들이 기대하는 마음을 압니다. 그 마음을 위로하고자 하는 말이 아닌, 진실로 이 질문의 답변은 당연히 'YES'라고 말하고 싶습니다. 뒤에서 자세히 말씀 드리겠습니다.

Key Point! 한글 깨치는 아이

영유아 시기에 여러 면에서 발달이 느리지만 글자에 뛰어난 감각을 보이거나 과도하게 집착하거나, 한글 교육을 일찍부터 받았지만 성과가 없는 경우, 검사를 받아보기를 권합니다. 단순한 한글 학습이지만 때로는 아이의 어려움을 발견하는 계기가 되기도 합니다.

음운 발달을
이뤄야 하는 시기

한글에 전혀 관심 없던 아이도 7세가 지나면 한글을 배울 수 있습니다. 대부분의 아이들은 7세가 지나면 한글을 읽게 됩니다. 초등학교 입학 직전에 바로 알게 되거나 1학년 입학 후에 빠르게 한글을 습득하지요. 한글에 전혀 노출이 되지 않았던 상황이라도, 음운 발달에 어려움이 없는 아이라면 한글을 습득할 수 있습니다. 이 말은 난독과 지능, 환경 자극에 문제가 없는 아이라는 뜻입니다. 그전 시기에는 아이들마다 저마다의 속도가 달라 빠르게 학습하는 아이도, 아직 준비가 되지 않은 아이도 있기 마련입니다.

언어 발달 과정에서 꼭 알아야 할 열쇠

음운 발달(Phonological development)은 아이가 말소리를 인식하고, 이해하며 정확하게 발음할 수 있도록 습득하는 과정입니다. 언어 발달의 기초를 이루며, 의사소통능력뿐만 아니라 읽기와 쓰기처럼 문자 발달에도 중요한 영향을 미칩니다. 음운 발달은 언어 발달의 기초이며, 읽기와 쓰기 능력까지 연결되므로 꾸준한 자극이 필요합니다.

음운 발달은 다음처럼 이뤄집니다.

- 출생~6개월: 생리적 발성(울음, 웃음 등), 옹알이 단계
- 6~12개월: 옹알이에서 의미 있는 단어 전환
- 1~2세: 말소리 지각력 발달
- 2~4세: 음운 체계 정교화
- 4~6세: 성인과 유사한 음운 체계 확립과 산출

만 4~6세 이 시기의 고민이 많은 부모라면, 혹시 내 아이가 음운 발달에 어려움이 없는지 주의를 기울여보세요. 만 5세 정도에는 음절 인식과 조작이 가능해야 합니다. 끝말잇기나 공통음절 게임(초성게임 포함) 등에 어려움이 없고, 책 읽기를 좋아한다

면 정말 좋은 상황입니다.

걸음마를 떼듯 한글을 떼기까지

6세 아이들은 '자소-소리 일치형 단어'를 읽을 수도 있습니다. 자소-소리 대응 일치형 단어는 말 그대로 자소(Grapheme, 한 문자 체계에서 음소를 표시하는 최소의 변별적 단위. 한글에서는 자음과 모음)와 소리가 일치하는 단어를 의미합니다. 예를 들어, '바다'는 발음과 철자가 그대로 일치하지요. 하지만 '악어'는 〔아거〕로, '곱하기'라는 말은 〔고파기〕로, 해돋이는 〔해도지〕로 발음이 되어 철자 그대로 소리가 나지 않습니다. 이러한 단어들은 음운변동이 일어나는 단어이지요. 자소-소리 불일치형 단어들은 자소 일치형 단어들을 잘 읽을 수 있어야 더욱 수월하게 학습할 수 있습니다.

자소 일치형 단어들은 아이들이 매우 쉽게 이해할 수 있으며, 나아가 간단하고 쉬운 문장도 잘 읽어나가게 됩니다. 예를 들어, '아이가 기어가', '아빠가 가서 자' 등 소리와 글자가 완전히 일치하는 것은 수월하게 읽어냅니다. 또, 받침이 있더라도 음운변동이 크게 일어나지 않는 단어나 문장은 자연스럽게 읽습니다. 예를 들면, '엄마가 마트에 간다', '할머니가 시장에서 오이를 산다' 같은 문장이지요. 물론, 한글을 읽은 지 얼마 되지 않았다면 빠르게 읽지는 못하겠지만, 점차 유창하고 자연스럽게 읽어낼 것입니다.

그런데 여기서 중요한 점은, 우리 아이가 이렇게 한글을 잘 읽기 시작했다고 바로 책 읽어주기를 멈춰서는 안 됩니다. 왜냐하면 듣기이해력과 듣기집중력 때문입니다. 아이의 듣기 발달은 글을 읽을 수 있어도 계속적으로 발달해야 합니다. 아이가 아직 모든 글자들을 빠르고 유창하게 읽어나가는 것이 아니기 때문에, 이해를 도울 수 있도록 충분히 읽어주어야 합니다. 일방적으로 처음부터 끝까지 읽어주고 끝내는 것이 아니라, 책을 읽기 전, 읽으면서, 다 읽고 난 뒤에도 대화식 책 읽기로 충분히 자극을 주어야 합니다. 그렇게 아이는 생각하는 힘을 자연스레 기르게 되지요.

우리 아이가 아기 때 걸음마를 완전히 뗄 때까지 넘어지지 않도록 잡아주었던 것처럼 한글을 완전히 떼어 독립적 읽기와 사고가 가능할 때까지 계속 읽어주고 안내해주어야 합니다. 이렇게 말하니 너무 거창한 것 같다고요? 전혀 그렇지 않습니다. 하루에 1권이라도 아이와 소통하며 읽는 시간이 있다면, 그것으로도 좋습니다.

마태효과를 보려면

아이의 어휘 발달은 아이가 글을 스스로 막힘없이 읽어내는 동시에, 내용 이해를 잘할 때 급속도로 발전합니다. 아이의 어휘 발달은 유아기 시절에는 큰 차이를 보이지 않는 듯 보일 수 있으나, 글을 읽기 시작했을 때 책을 많이 읽은 아이와, 많이 읽지 않은 아이는 출발선과 속도가 확실히 다릅니다. 처음 시작은 아주 비슷한 곳에서 출발한 듯하지만, 시간이 지날수록 어휘의 발달 속도와 양은 두 배, 세 배 차이가 나는 것이지요. 이러한 어휘 발달 양상을 '마태효과'라고 부릅니다.

마태효과(Matthew effect)라는 용어는 성경의 마태복음 25장 29절, '무릇 있는 자는 받아 넉넉하게 되되 없는 자는 그 있는 것도 빼앗기리라'라는 구절에서 나온 개념입니다. 마태효과의 일반적인 뜻은 부유한 사람은 점점 더 부유해지고, 가난한 사람은 점점 더 가난해지는 현상을 이야기합니다.

우리말로 표현하면 '빈익빈(貧益貧) 부익부(富益富)'로, 경제학적인 측면에서 자본의 확대와 재생산을 뜻하는 것인데, 우리 아이들의 어휘 발달도 이러한 이치와 똑 닮아 있습니다. 이것은 책을 읽으면 읽을수록 단어의 양은 더 늘어나고, 책을 읽지 않으면 어휘 발달은 더디거나 후퇴할 수 있음과 같습니다.

한글을 잘 읽게 되면 될수록 읽는 양이 더 중요해집니다. 여기서 양이란, 몇 권의 책이라는 뜻보다, 시간이라는 개념도 포함됩니다. 무턱대고 많이 읽는 것이 아니라 좋아하는 주제의 책을 단 한 권이라도 반복하며 읽는 시간 개념도 포함합니다. 책을 읽는 양과 질이 매우 중요하다는 뜻이지요. 여러 이유로 한글에 관심이 없거나, 습득하지 못한 아이가 책도 멀리하고 있다면, 그 아이의 수용언어 발달과 어휘 발달은 낮거나 빈약할 수밖에 없는 것입니다.

이 시기의 아이들은 어휘 발달과 상위언어기술(유머, 비유, 관용, 유추, 예측, 메타인지, 마음이론 등의 학령기 언어 발달 시기에 배워야 할 언어기술들) 습득이라는 중요한 과업을 이어나가야 하는 중요한 시기이므로, 부모님들은 아이들이 한글 학습에 관심을 기울여 소리와 글자 대응의 원리를 잘 습득할 수 있도록 도와주세요.

Key Point! 한글 깨치는 아이

음운 발달이 문제가 없다면 대개 한글을 읽을 수 있는 능력을 갖추었다고 봅니다. 자연스럽게 한글과 친해지도록 책 읽기와 초성 게임처럼 즐거운 놀이 형태의 학습을 추천합니다.

음운처리능력을
키우는 놀이

우리 아이들이 한글을 잘 습득하기 위해서는 '음운처리능력'
이 있어야 합니다. 음운처리능력이란, 말소리의 가장 작은 단위
들을 인식하고 처리하는 능력으로, 이러한 능력이 발달하지 못
할 때 난독 현상이 나타날 수 있습니다.

음운처리능력의 발달 유무를 확인하는 동시에 아이들이 음
운을 인식하는 데 효과적인 놀이가 있습니다. 바로, '끝말잇기'
입니다. 끝말을 잇는 과제를 이해하는 것 자체가 아이들의 음
절인식능력을 확인하는 것이기에 매우 중요한 말놀이 중 하나
입니다.

여러분은 아이들과 끝말잇기를 하는 편인가요? 제 딸은 만 4세가 지났을 무렵부터 끝말잇기 놀이를 이해하여 무척 즐겨 하곤 했습니다. 어린 시기에는 음운이 완전히 확립되지 않아 약간의 혼동이 있었지만, 아이는 끝말잇기 놀이를 매우 좋아했습니다. 워킹맘이라 평일 낮 시간 동안 아이와 긴 시간을 같이 보내지 못했지만, 여유로운 휴일이나 주말, 아이와 차를 타고 이동할 일이 생기면 어김없이 끝말잇기 즐겨했습니다. 다행스럽게도 아이 스스로 끝말잇기를 먼저 하자고 제안하곤 했지요.

끝말잇기 놀이를 하면서 아이에게 감탄했던 순간이 기억납니다. 어른도 몇 번 주고받으면 말해야 할 단어들이 생각이 나지 않기 마련인데, 만 4세임에도 어른들이 생각하지 못한 단어들을 바로 이야기했습니다. 예를 들어, '도시락'을 듣고 바로 '락스'라고 표현하거나, '다람쥐'라는 말을 듣고는 '쥐구멍', '키위'를 듣고 '위로' 등 망설임 없이 말을 이어갔기 때문이었지요. 아이 안에 많은 어휘 목록이 있음을 확인한 순간이었습니다. 그동안 아이와 나눈 대화의 양과 책을 읽어주던 시간이 아이의 '어휘집'에 차곡차곡 잘 쌓여진 것입니다.

음운인식과 어휘력을 키우세요

끝말잇기를 잘하는 아이는 어떤 점이 다를까요? 끝말잇기를 잘하기 위해서는 두 가지 기능이 필요합니다. 바로, '음운인식'과 '어휘'가 뒷받침되어야 합니다.

음운인식은 말소리를 이루는 여러 단위들의 말소리를 인식하고 조절하는 것으로, 말소리의 가장 작은 단위인 음소와 음소들로 구성된 음절을 인식하고 구별해내는 능력을 포괄적으로 '음운인식능력'이라고 말할 수 있습니다.

끝말잇기 놀이를 할 때는, 음운인식 중에서도 음절에 대한 인식을 잘하는지가 중요합니다. 예를 들어, 보름달이라는 단어를 듣고 '보/름/달' 3음절로 이루어진 단어로 이해하고 그 중에서 마지막 음절이 /달/이라는 소리로 끝났음을 인식해야만 /달/로 시작하는 단어를 연상할 수 있는 것이지요. 보름달이 [보름딸]로 발음이 되지만, 아이가 '달'이라는 단어를 이미 알고 있기 때문에 /달/이란 음절을 인식할 수 있지요. 여기서 어휘가 부족하며 음소에 대한 인식력이 떨어지는 아이들은 /달/을 /발/이나 /갈/로 알아들을 수 있으며, /달/을 /단/이나 /당/으로도 혼동할 수 있습니다.

아이가 '보름달'이라는 어휘를 모르고 있기 때문에 들리는 대로 이해하고 표현해야 하는데, 음운인식력이 약하면 음향학적으로 비슷한 같은 계열의 자음들 중에서 잘못 인식할 수 있습니다. 음운인식력이 약하지 않더라도, 앞서 들은 단어가 자신의 어휘 목록에 없다면 아이는 결코 끝말잇기를 이어나갈 수 없습니다. 달로 시작하는 단어가 생각나지 않아 말할 수 없기 때문이지요. 그러니 만 5세 전후의 아이들에게는 끝말잇기는 음운인식력과 어휘력을 확인해볼 수 있는 아주 중요하고 필수적인 말놀이입니다.

어린 만 4세 아이들과 끝말잇기를 할 때에는 유연한 규칙을 적용해줄 필요가 있습니다. 보통 어른이 하는 끝말잇기의 경우, 동사나 형용사와 같은 용언보다 명사 같은 체언을 말하도록 하는데, 아이들은 용언과 체언을 아직 정확하게 구별해낼 수 없기 때문에, 아이가 표현한 단어가 용언이다 하더라도 그에 맞게 잘 반응해줄 필요가 있습니다.

아이들과 함께하는 끝말잇기는 경쟁해서 이기는 것이 아니라 아이가 음절을 잘 인식하고 자신의 어휘 목록에서 잘 인출할 수 있도록 하는 데에 목적이 있기 때문입니다. 예를 들어, '말미잘'을 듣고 '잘한다'라고 표현하더라도 '다'로 이어 받아 끝말잇기를 진행합니다. 연령이 점차 높아진다면 서로 규칙을 정하여 끝말잇기 놀이를 하도록 합니다. 또한 아직 글자를 잘 모르기 때문에 'ㅔ/ㅐ', 'ㅚ/ㅙ/ㅞ'과 같이 소리로 구별하기 어려운 글자들은 동일하게 인식해도 무방합니다. 혹시 우리 아이가 끝말잇기를 매우 어려워한다면 다음과 같은 방법으로 도와줄 수 있습니다.

1. 끝나는 말 선택하기: 그림카드를 이용하여 '사과'를 제시하고, '과자' 그림카드와 '시소' 그림카드를 보여주고, '과'로 시작하는 것은 무엇일지 선택해본다. 잘 선택하거나, 조금 더 어렵게 하고 싶다면 '사슴'과 같은 '사'로 시작하는 그림카드도 준비한다.

2. 끝말잇기 기차 만들기: 사과, 과자, 자두, 두더지, 지구, 구름 그림카드를 섞어 놓고 사과를 시작으로 순서대로 기차처럼 만든다. 그림은 직관적이고 쉬운 수준의 단어로 구성하고, 보기를 점점 늘려보며 한다.

3. 끝말잇기 놀이 시 끝나는 말을 크게 하거나 끌어주어 강조하며 들려준다.

4. 노래하기: '리리릿자로 끝나는 말은' 노래 가사 외워 부르기, 개사하여 시작하는 말, 끝나는 말을 정해보고 불러본다.

Key Point! 한글 깨치는 아이

끝말잇기는 아이들과 즐겁게 놀이하면서 음운인식과 어휘력을 키울 수 있는 좋은 학습법입니다. 아이들이 차 안에서 지루해할 때마다 칭얼대지 않고 놀아줄 수 있는 좋은 방법이니 한번 해보세요.

책을 대충 읽는 아이

> **❝** 혼자서 책을 잘 읽지만, 너무 속독하고
> 대충 읽는 느낌이 들어요. 글을 천천히 정확하게
> 읽게 하는 방법이 있을까요? **❞**

책을 매일 꾸준히 읽는 것이 가장 중요합니다. 정해진 분량만 읽고 끝나는 것이 아닌, 편안한 분위기에서 책 내용을 이야기하고 경험을 나눌 수 있는 시간이라면, 상관없습니다. 그런데, 딱 몇 권만 빠르게 읽고 끝나나요? 그렇다면 대화식 책 읽기를 적극적으로 해주세요!

아이와 함께 소리 내어 읽기를 해보세요. 나 한 줄, 너 한 줄 또는 나 한 장 너 한 장, 이렇게 번갈아 읽으면 아이가 상대방이 읽는 말에도 신경을 쓰기 때문에 유창성을 높이는 아주 훌륭한 방법입니다. 참고로, 아이가 글을 읽을 수 있다 하더라도 최소한 초등 저학년까지는(최대한 고학년까지도) 직접 소리 내어 읽어주기를 잊지 마세요!

· 2단계 ·

음소와 음절을
이해하는 힘,
'파닉스'

잘게 쪼갠 음소를 인지합니다

영어 교육에서 '파닉스'라는 말은 많이 들어보셨지요? 그런데 한글 교육을 하는데 왜 파닉스라는 말을 사용하는지 궁금할 것입니다.

파닉스(Phonics)는 소리(Phoneme)와 낱자(Grapheme)의 결합 규칙으로, 소리를 자소에 대응하는 것을 말합니다. 음소를 정확히 인식하여 낱자와 소리의 대응 관계를 이해하고, 음소에 맞는 낱자를 대응하여 낱자를 조합하는 것을 말합니다.

한글은 사실, 이러한 음소문자보다는 음절문자에 가깝습니다. 'ㄱ, ㄴ, ㄷ'보다는 '가, 나, 다' 이렇게 음절로 익히기 편하지요. 하지만 우리는 한글을 제대로 깨치지 못하는 아이의 관점에서 살펴야 합니다. 특히, 느린 아이의 경우는 음운인식의 어려움으로 인하여 낱자와 소리 대응에서 어려움을 보입니다. 그래서 더 작은 단위로 쪼개어 가르치는 과정이 필요합니다.

글자의 대응 관계 이해하기

느린 아이들에게는 여러 말소리를 한꺼번에 동시에 진행하면 학습에 효과적이지 않습니다. 특히 공통요소가 전혀 없는 각기 다른 말소리를 동시에 학습하면 매우 혼란스러워하거나 혼동하여 대응 규칙을 적절하게 적용하기 매우 어려워합니다. 그렇기 때문에 하나의 명확한 목표를 두고 음운인식과 파닉스 훈련을 하는 것이 적절합니다. 난독 중재에 있어서, 음운인식을 따로, 파닉스만 따로 진행하는 교육 방법은 매우 적절하지 않습니다.

물론, 학자마다 또는 교육하는 기관에 따라 어떤 순서와 방법이 더 효과적인지에 대한 의견이 다를 수 있습니다. 그렇지만, 여러 선행 연구들을 통해서 난독 중재시 여러 말소리를 동시에 적용하거나, 완전 습득이 되지 않은 상태에서 새로운 말소리를 중재하는 방법은 효과적이지 않다고 밝혀졌습니다.

유창성을 올리는 방법

난독 중재시 각 목표 달성률이 최소 95퍼센트보다 100퍼센트에 근접한 수치로 습득되었음이 확인되어야지만 다음 단계로 넘어갈 수 있습니다. 일반적 언어치료와는 달리, 난독에서는 완전 습득의 여부가 관건이기 때문입니다. 말소리에 확립이 없이는 자동성이 확보되지 못하고, 자동성이 확보되지 않으면 유창성이 올라갈 수 없기 때문입니다.

유창성이 올라가지 않는다는 뜻은 읽으면서 이해하기 어렵다는 말과 같습니다. 그러면 학습에 어려움을 초래할 수밖에 없기 때문입니다. 난독 중재시 명확한 위계가 있어야 하며, 현재 아이가 학습하는 단계가 어디쯤인지 부모님조차 파악이 안 되면, 적절한 난독 교육을 받고 있지 않을 가능성이 높습니다.

아이의 난독 중재는 치료실 상황에서만 존재하는 것이 아닌, 일반 가정 내에서도 매일매일 꾸준한 학습이 일어나야 합니다. 우리 아이의 수업의 목표 말소리와 단계를 명확하게 충분히 설명할 수 없다면, 다시 생각해보아야 합니다. 음운인식과 파닉스 단계에서는 매일 반복 학습이 중요합니다. 일주일에 한두 번 치료실 방문만으로 아이의 난독 현상이 좋아지지 않습니다. 아무리 훌륭한 선생님을 만나도 매일 반복 학습이 없다면, 자주 잊어버릴 것이 분명합니다.

　제가 치료실을 찾는 부모님에게 항상 '매일 반복'을 강조하는 이유입니다. 저는 부모님들에게 음운인식과 파닉스와 책 읽어주기를 매일 해달라고 간곡히 부탁드리고 있지요. 정말 아무리 강조하고 또 강조해도 모자란 것이 바로 '매일 반복 학습'입니다. 우리 아이가 하루 빨리 한글을 깨치기를 바란다면 적어도 일주일에 다섯 번 이상 매일매일 함께 배운 것을 복습해주시는 것이 가장 좋습니다.

Key Point! 한글 깨치는 아이

파닉스 단계에서는 매일, 꾸준히 대응하는 것이 중요합니다. 자동성을 확보하여 유창성을 키우는 중요한 단계임을 잊지 마세요.

매일 반복 가능한
책 읽기 법

    만약 4~5세부터 한글 교육을 시키고 싶다면, 집에서도 충분히 가능합니다. 아이를 붙잡고 플래시 카드를 바꿔가며 통글자처럼 외우게 할 필요도 전혀 없습니다. 게임처럼 익히게 한다고 억지로 하다가는 재미없는 활동, 내가 무엇인가를 계속 기억해야 하고 끄집어내야 하는 아주 고역스러운 순간이 될지도 모릅니다.

    아이의 인지적 자원은 한정되어 있습니다. 아이의 인지적 자원을 연령에 맞지 않는 것, 안 써도 되는 것에 쓰게 하여 낭비되지 않으면 좋겠습니다. 한정된 자원을 필요 없는 것에 쓰게 하지 말고, 그 자원을 더 효율적으로 쓸 수 있는 아이로 만들어주어야 합니다.

아이는 통글자 10개를 외우든 100개를 외우든, 결국 나중에는 공통음절을 주목하고, 말소리의 아주 작은 단위인 음소까지 자동적으로 인식하게 되어 어떠한 대응 규칙을 스스로 펼칠 수 있게 됩니다. 그렇기 때문에 이 시기 아이에게 지나치게 통글자를 외우게 하거나, 한글 학습지를 붙잡고 하나라도 더 쓰게 만들고, 더 읽게 만들 필요가 전혀 없습니다. 어차피 우리 아이의 모국어는 한국어이고, 그 한국어를 표기하는 글자는 한글이므로 아이에게는 '즐겁게' 생각하며 놀이할 그 무엇이 필요합니다.

책을 읽어줄 때도 '대화식 책 읽기'를 시도해 보세요.

아이의 흥미를 불러일으키는 책 읽기

대화식 책 읽기(Dialogic reading)란, 뉴욕주립대학교 그로버 J. 러스 화이트허스트(Grover J. Whitehurst) 박사 연구팀에서 개발한 것으로, 어른이 미취학 아동에게 책을 읽어주는 방법으로 PEER 순서로 이루어집니다.

PEER 순서는 Prompts(촉구), Evaluates(평가), Expands(확장), Repeats(반복)입니다.

- Prompts(촉구): 아이에게 책에 대해 말하도록 촉구합니다(예: "이건 뭘까?", "어떤 이야기일까?" 등).
- Evaluates(평가): 아이가 대답한 것에 호응, 칭찬처럼 즉각적으로 반응합니다(예: "와~ 그렇구나", "그래, 잘 알고 있네!", "맞아, 비행기야" 등).
- Expands(확장): 아이의 대답에 정보를 더 추가하여 말해주거나, 추가 질문을 하여 확장합니다(예: "하늘을 빠르게 날아가는 비행기네", "또 뭐가 하늘에 날아가지?" 등).
- Repeats(반복): 아이의 이해를 돕기 위하여 단어나 이야기, 질문을 반복합니다(예: "그래, 하늘을 날아가는 건 비행기랑 헬리콥터가 있네", "비행기 따라 말해볼 수 있니?" 등).

책을 읽기도 전에 또는 책을 읽으면서 너무 과한 질문과 유도를 반복하여 아이의 흥미를 떨어뜨리면 안 되겠지요. 대화식 책 읽기는 아이가 겉표지에 그려진 그림부터 관심을 보이도록 유도하면 좋습니다.

그림책 구성은 작가와 출판사의 스타일에 따라 약간씩 상이 합니다. 그래도 대부분 겉표지와 뒷표지, 또 속지에 주제와 관련되거나 인물과 관련된 그림들이 그려져 있습니다. 아이가 본문을 읽기 전부터 관심을 갖도록 유도해야 하는 이유입니다. 앞으로 어떤 이야기가 펼쳐질지 관심과 흥미를 끌며 이야기 속으로 빨려 들어가게 만들어야 하지요.

대화식 책 읽기에서 사용되는 핵심 원리는 CROWD입니다. CROWD 순서는 Completion prompts(채우기), Recall prompts(회상하기), Open-ended prompts(개방형 질문), Wh-prompts(육하원칙 질문), Distancing prompts(거리두기)입니다.

- Completion prompts(채우기) : 빈칸 채우기처럼, 문장을 이야기 하다 멈추어 아동이 채워 말하도록 합니다(예: "아빠는 키가 크고 동생은 키가 _ " 등).

- Recall prompts(회상하기) : 예전에 읽은 책이나, 책을 읽은 후 무슨 이야기였는지 질문합니다. 줄거리 요약, 사건 순서 등을 설명합니다(예: "꼬마 비행기에게 어떤 일이 일어났었지?" 등).

- Open-ended prompts(개방형 질문) : 책에 나오는 그림을 중심으로 개방형 질문을 통하여 설명이나 묘사할 수 있고, 아이의 창의성에 초점을 맞출 수 있습니다(예: "지금 이 친구들한테 무슨 일이 일어나고 있어?" 등).

- Wh- prompts(육하원칙 질문) : 책 그림에 중점을 두어 '누가, 언제, 어디서, 무엇을, 어떻게, 왜'라는 질문을 할 수 있으며, 새로운 어휘를 가르칠 때 많이 사용합니다(예: "꼬마 비행기가 지금 어디에 왔어?" 등).

- Distancing prompts(거리두기) : 책 속의 이야기와 관련된 실제 아이의 경험을 연결 지을 수 있도록 합니다(예: "저번에 갔었던 놀이공원 기억해? 거기서 뭐 탔었지?", "ㅇㅇ이도 꼬마 비행기처럼 친구를 도와준 적이 있어?" 등).

연령이 어리면 어릴수록 많은 질문을 하지 않도록 합니다. 4~6세 아이들에게는 회상하기, 거리두기(경험 연결)를 더 많이 사용할 수 있습니다. 아이의 관심과 흥미가 있는 상태에서 즐겁게 대화식 책 읽기를 이어나가야 함이 중요합니다.

Key Point! 한글 깨치는 아이

대화식 책 읽기에 대해 더 많은 정보는 https://www.readingrockets.org 이곳에서 확인할 수 있습니다.

음절처리능력을 키우는
고급 기술들

'거꾸로 말하기' 놀이는 아이들이 좋아하기도 하고, 음절을 구분하도록 돕는 활동입니다. 예를 들어, '토끼를 거꾸로 말하면?', '끼토!'와 같이 퀴즈를 내고 단어를 거꾸로 말하도록 합니다. 저와 제 딸아이는 거꾸로 말하기 활동을 아이가 30개월부터 즐겨 하곤 했습니다.

사실 30개월이란 나이에 단어를 거꾸로 말하는 능력은 당연히 없지만, 가장 익숙한 가족의 이름부터 거꾸로 말하기를 하여, 거꾸로 말한 이름이 또 하나의 별명처럼 생각하도록 즐겨하곤 했지요. '김예담의 이름을 거꾸로 말하면?' '담예김!'처럼 친숙한 자신의 이름부터 즐기도록 했습니다. 평소에도 장난치며 "담예김씨~~"라고 말하면 아이는 "난 김예담이야!" 하면서 깔깔거리며 말놀이를 즐겼습니다.

점차 자신의 이름, 엄마, 아빠, 할머니, 할아버지, 이모, 이모부, 사촌들의 이름까지 가족 이름을 확장하며 놀이를 즐겼습니다. 연령이 어려 아이는 종종 혼동하긴 했지만, 지금 현재는 거꾸로 말하기 대장이 되었지요.

뇌를 자극하는 거꾸로 말하기

보통 만 4~5세 아이들은 음절 조작력이 있기 때문에 거꾸로 말하기 활동을 즐길 수 있습니다. 그러나 주의해야 할 것은 어떤 아이들은 2음절 단어(예: 바다, 거미 등)는 쉽게 수행할 수 있으나, 3~4음절 정도의 긴 단어(예: 사다리, 오토바이, 미끄럼틀 등)는 거꾸로 말하기 어려울 수 있다는 것입니다. 거꾸로 말하기는 아이가 단어를 듣고 잘 생각하고 음절 소리를 생각한 뒤에, 반대로 말할 수 있습니다. 끝말잇기와 마찬가지로 음절인식능력을 키우는 활동임을 잘 알고 있어야 합니다. 그렇기에 이러한 활동은 쉽고, 재미있고, 즐기는 것이 우선 되어야 합니다.

아이의 능력을 시험하는 용으로 퀴즈를 낸다면, 대답하는 아이도, 문제를 내는 사람도 실망하거나 부담이 될 수 있기 때문에 주의해야 합니다. 그렇기에 2음절로 된 쉬운 단어 위주로 거꾸로 말하기 말놀이를 즐겨하도록 합니다.

아직 한글을 모르는 아이들에게 거꾸로 말하기는 글자를 떠올리지 않고 순수하게 들은 소리를 생각하고 반대로 기억 후 말해야 하기 때문에 상당한 에너지가 쓰이는 고급 기술 중 하나입니다. 글자를 모르기 때문에, 집중해서 잘 들어야 하고, 들은 것을 계속 기억해야 하기 때문에 작업기억과 청각적 듣기 능력 발달에 매우 훌륭한 자극을 줄 수 있습니다.

글자를 아는 아이들이나 어른들은 거꾸로 말하기를 시켰을 때 머릿속으로 글자를 생각하고 그 글자를 반대로 읽어내어 말하는 경우가 대부분입니다. 한글을 습득 뒤에는 그 소리를 글자로 떠올려 거꾸로 읽어내는 것이 더 편하기 때문에 머릿속에서 자동적으로 글자를 떠올리는 것이지요. 그러면서 자연스레 언어를 담당하는 뇌의 부위를 자극하게 됩니다.

거꾸로 말하기는 아이뿐만 아니라 성인에게도 뇌를 자극하는 매우 중요한 활동입니다. 치매 예방을 목적으로 기관에서 거꾸로 말하기 놀이를 실시하기도 하니까요. 거꾸로 말하기는 신경학적 손상이 있는 어르신들에게 언어를 자극하기에 좋은 활동으로도 손꼽히는 활동입니다.

생각을 키우는 초성 게임

초성 게임은 사실 면밀하게 말하자면, 말소리 인식능력보다 어휘의 능력이 더 필요한 활동입니다. 그럼에도 초성 게임은 아이들의 어휘 발달과 공통음절에 대한 관심을 높이기 위해 필요한 활동이라고 할 수 있습니다.

만 4~5세 아이의 경우에는 '가', '나', '다'처럼 쉬운 음절 위주로 공통음절 놀이를 즐기는 것이 좋습니다. '가'부터 '하'까지 같은 음절로 시작하는 단어가 무엇이 있는지 한번 생각해보세요. 막상 어른들도 공통음절로 시작되는 단어를 떠올리라고 한다면 생각이 잘 나지 않음을 느낄 수 있을 것입니다.

가부터 하까지 자주 사용되는 대표적인 단어들을 정리해보면 다음과 같습니다.

- 가 : 가방, 가위, 가구, 가게, 가오리, 가족, 가슴, 가수, 가을, 가지, 가짜, 가루, 가시, 가면 등

- 나 : 나비, 나이, 나라, 나사, 나들이, 나무, 나뭇잎, 나뭇가지, 나무늘보, 나팔, 나방, 나무꾼 등
- 다 : 다리, 다리미, 다람쥐, 다이아, 다락방, 다슬기, 다시마 등
- 마 : 마음, 마녀, 마지막, 마술, 마술쇼, 마술사, 마법사, 마리, 마을, 마늘, 마스크, 마구간 등
- 바 : 바지, 바람, 바늘, 바구니, 바둑, 바로, 바닥, 바깥, 바이올린, 바위, 바가지, 바다, 바퀴 등
- 사 : 사랑, 사람, 사슴, 사진, 사장님, 사고, 사탕, 사자, 사과, 사촌, 사마귀, 사막, 사기꾼 등
- 아 : 아기, 아가, 아이, 아줌마, 아저씨, 아가씨, 아빠, 아파트, 아들, 아이스크림, 아홉, 아래 등
- 자 : 자석, 자유, 자리, 자주, 자동차, 자전거, 자연, 자기, 자신감, 자랑, 자판기, 자두, 자몽 등
- 차 : 차이, 차도, 차로, 차돌박이, 차고, 차량 등
- 카 : 카드, 카레, 카메라, 카페, 카운터, 카카오, 카나리아 등
- 타 : 타이어, 타르트, 타자, 타자, 타월, 타코, 타코야키, 타잔 등
- 파 : 파도, 파티, 파리, 파마, 파란색, 파이프, 파출소, 파랑새, 파충류, 파스텔, 파스타, 파프리카 등
- 하 : 하마, 하루, 하얀색, 하늘, 하늘소, 하나, 하나님, 하프, 하트, 하원, 하루살이, 하우스 등

앞의 목록을 보고 어떤 느낌이 들었나요? 떠오르는 단어들이 많이 있었나요? 음절에 따라서 쉽게 쓰이지 않는 단어들도 있습니다. 또 아이에 따라서 어려워하는 낱말도 분명히 있을 것입니다. 대부분 우리 일상에서 자주 사용하는 말이나 구체적인 사물을 떠올릴 수 있는 직관적인 명사 위주로 선정해보았습니다. 물론 부사, 형용사, 동사 어휘를 포함하면 그 수는 더 많겠지요.

만 6~7세 아이들이나, 한글을 조금씩 배우는 아이들, 한글 자음의 이름을 아는 아이들에게는 조금 더 광범위하게 음소로 초성 게임을 할 수 있습니다. 예를 들어, 자음별로 'ㄱ으로 시작하는 단어는? ㄴ으로 시작하는 단어 또는 'ㄱㅅ'이 들어가는 단어는?' 등의 게임을 즐길 수 있습니다.

시중에는 보드게임 형식으로 다양한 초성 게임들이 많이 나와 있습니다. 어른들도 레크레이션으로 많이 하는 놀이이지만, 작정하고 하려면 생각이 왜 그토록 나지 않는지요. 이번 기회에 아이들과 함께 다양한 초성 게임을 해보며 다양한 어휘들을 생각해보고, 아이와 즐겁게 공통음절, 공통음소를 알아보기를 추천합니다.

초성 게임에 확장해서 '한 글자 이어 말하기'도 있습니다. 아이나 엄마가 단어의 첫 음절만 이야기하면 생각나는 단어의 두 번째 음절을 완성하고, 긴 단어라면 세 번째, 네 번째 음절을 번갈아 말하는 활동입니다. 예를 들어, 아이가 "오"라고 말하면, 엄마는 "토"를 외치고, 이를 들은 아이가 "바"를 외치면 "이"를 엄마가 말하여 완성하는 것이지요. 아이는 자기가 생각했던 단어가 아닌, 상대방의 다른 음절을 듣고 어휘를 알아차리고 세 번째 음절을 준비할 수도 있고, 어휘를 잘 모를 때에는 어떤 어휘였는지 질문할 수 있습니다. 본래 자신이 생각했던 어휘는 무엇이었는지 함께 이야기를 주고받을 수도 있습니다. 이 훌륭한 언어 말놀이 활동을 잘 이어나가려면, 아이 나름의 어휘집이 잘 형성되어야 합니다. 또한 알고 있는 단어인지 모르는 단어인지를 생각할 수 있게 하여 메타인지도 활성화시킬 수 있습니다.

Key Point! 한글 깨치는 아이

1, 2음절 단어를 거꾸로 말하는 활동은 사고력을 키우고, 글자를 자동적으로 이해하게 합니다. 연령대가 높아지면 3, 4음절로 난이도를 높여볼 수 있습니다.
일상에서 아이가 보고, 만지고, 듣는 친근한 단어를 위주로 초성 게임을 합니다.
어휘 발달과 공통음절에 관심을 가질 수 있게 하는 활동입니다.

천천히 한글과
친해지게 하세요

얼마 전 만난 5세 아이 엄마의 고민입니다. 예지의 엄마는 예지가 어릴 때부터 말이 빨라 아이의 발달 속도에 맞춰 무엇을 더 해주면 좋을지 고민이라고 했습니다. 영어 교육에도 관심이 많았고, 한글 교육에도 고민이 많았습니다. 5세가 되어 영어 유치원에 보내볼까도 고민했지만, 이러저런 생각 끝에 국공립 유치원에 입학했다고 합니다. 그런데 입학하니 벌써 한글을 읽는 아이도, 한글을 쓰는 아이도 보고 엄마는 불안 아닌 불안감이 들기 시작하였다고 했습니다.

예지도 한글을 먼저 교육시켜야 할지, 아니면 영어에 귀가 더

트게 힘을 쏟아야 할지 고민이 많았습니다. 아이에게 "한글 공부할래?"라고 물어보면, "공부하기 싫어!"라고 말해서 강압하는 것은 아닌가 걱정된다고 했습니다.

또 주변에서 한글을 일찍 알려주면 상상력과 창의력이 떨어질 수 있다는 말에 쉽게 시작을 못한다고 했습니다. 글을 읽기 시작하면 책의 그림에 집중하며 상상의 나래를 펼치기보다 글을 읽고 내용을 미리 알아버려 정형화된 사고를 하게 된다는 주장이었습니다. 그리고 한글은 시간이 지나면 저절로 다 알게 된다는 말 때문에 미리 교육을 해야 하는지 의문이라고도 했습니다.

학습보다 먼저 생각해야 할 것들

여러분은 예지 엄마의 고민을 듣고 어떤 생각이 드시나요? 같은 고민을 해봤나요? 5~6세 부모님이라면 누구나 한번쯤, 한글을 교육해야 하나, 언제 시작해야 하는지 고민했을 것이라 생각합니다.

요즘 엄마들은 유치원 방과후 한글과 수학 등을 봐주는 사설 공부방에 아이들을 많이 보내기도 합니다. 아이에게 한글 교육을 시켜야 할지 말아야 할지 고민이 된다면, 두 가지를 생각해 봐야 합니다.

첫째, 아이가 한글에 흥미가 있는 상태인지 아닌지를 잘 판단해야 합니다. 일찍이 한글에 관심이 높고, 알고 싶어 하는 욕구가 강한 아이라면, 엄마가 직접 차근차근 알려주는 방법부터 한글 교재나, 돈을 들여 일반적인 한글 프로그램을 시작하는 방법까지 많습니다. 잊지 말아야 할 것은 아이가 한글에 흥미를 보였다고 과도한 교육으로 흥미를 잃게 만들지 않도록 해야 한다는 것입니다.

한글에 대한 관심과 흥미가 그다지 높지 않는 경우라면, 굳이 돈과 시간을 들여 미리부터 공부하기보다, 이 책에서 언급하는 말놀이, 책과 친해지기 등으로 서서히 읽기 발달을 꾀하도록 도와주세요. 말놀이를 하며 점차 아이가 한글을 받아들일 준비가 되고, 잘 받아들일 수 있을지, 아니면 특별한 중재가 필요할지 먼저 가늠해보세요.

둘째, 조급한 마음에서 시작하는 것은 아닌지 생각해보아야 합니다. 옆집 아이가, 같은 반 어떤 아이가 한글을 읽을 수 있다고 마음이 조급해져서 섣부르게 빨리 한글 교육을 시작한다면,

아이는 배우기도 전에 어려운 문제를 회피하는 아이가 될 수 있습니다. 내 아이에게 맞는 교육을 해야 자연스럽고 행복한 발달이 이뤄집니다.

아이의 연령과 수준에 맞지 않는 교육을 일찍이 받는다면, 아이는 힘든 문제를 스스로 풀어가려는 아이가 아니라, 어떻게든 그 시간을 피하고, 장난을 치며 거부하거나, 산만하고 주의력이 떨어지는 아이가 될 수 있습니다.

하지만 한글을 일찍이 깨우친다고 상상력과 창의력이 떨어진다는 연구 결과는 없습니다. 과도한 조기교육으로 인한 부작용에 대한 연구 결과는 있지요. 한글을 일찍 깨우친 경우, 오히려 다양한 책을 접해보려는 동기가 더 높아지기도 하며, 스스로 책을 탐색하는 행동이 더 증가할 수 있습니다. 만약, 아이의 창의성과 상상력을 어떻게 키울지 고민이라면, 글자 없는 그림책을 읽어보기를 추천합니다.

글자 없는 그림책을 탐독하는 아이야말로 집중력과 상상력이 좋은 아이라고 할 수 있습니다. 언어 치료 현장에서도 아이들에게 글자 없는 그림책을 많이 활용합니다. 글자가 없으면 아이들이 보고 느낀 것을 말로 표현해보는 연습을 하기 유용하기 때문입니다.

글자 없는 그림책 추천 목록

책 이름	작가	출판사
수잔네 봄/여름/가을/겨울/밤 시리즈, 하늘을 나는 모자	로트라우트 수잔네 베르너	보림
케이크 도둑, 케이크 소동, 케이크 도둑을 잡아라, 케이크 야단법석, 명화 대소동	데청 킹	거인
글자 없는 그림책 1, 2, 3	이은홍	사계절
용감한 몰리	브룩 보인턴-휴즈	나는 별
눈사람 아저씨	레이먼드 브리그스	마루벌
머나먼 여행	에런 베커	웅진주니어
하나의 작은 친절	마르타 마르톨	소원나무
버스 안	남윤잎	시공주니어
이상한 화요일, 구름공항, 시간상자	데이비드 위너스	비룡소
시작 다음	안느-마르고 램스타인	한솔수북

Key Point! 한글 깨치는 아이

한글을 깨치기 전에 아이와 부모의 상태를 한번 점검해 보세요. 아무리 언어 발달 단계가 있다고 해도, 아이들은 저마다 자라는 속도가 다르니까요. 제가 여기서 말씀드리는 내용들은 일반적인 기준일 뿐입니다. 부모님이 공부하시고 잘 판단하셔서 아이에게 맞는 한글 공부를 지도해 주시길 바랍니다.

글자 자체를
궁금하게 만드세요

우리 주변을 한번 둘러보세요. 온통 한글이 가득하지 않나요? 한글은 책에만 있는 것이 아니지요. 마트 전단지, 업체 홍보물, 가게 간판들과 현수막, 버스와 지하철 노선도, 각종 안내판과 표지판, 상표, 우편물 등 한글을 많이 볼 수 있습니다. 그중에서 아이들이 가장 흥미 있게 다룰 수 있는 것은 무엇일까요?

아이들마다 다를 수 있지만, 저희 아이는 마트 전단지를 좋아했습니다. 마트 전단지는 색깔이 화려하고, 아이들이 좋아할 만한 물건들 사진과 제품명이 한글로 표기되어 있으니까요. 가격도 적혀 있어 돈과 숫자 개념까지 알려줄 수 있는 종합 세트입니다. 마트 전단지를 이용하여 아이와 함께 가게 역할놀이를 할 수 있으며, 아직 숫자와 돈 단위에 약한 아이에게 수 개념을 알려줄 수 있는 그야말로 일석이조, 아니 삼사조까지 할 수 있는 놀이가 아닐까 싶습니다.

아이와 마트 전단지를 함께 살펴보고, 무엇을 사고 싶은지 이야기 나누며 실제로 마트에서 할인하는 물건을 사보는 경험까지 해보세요. 아이들에게는 그야말로 재미있는 놀이일 것입니다. 게다가 아이들이 좋아하는 과자나 사탕을 살 수 있는 곳이기 때문에, 아이들이 우선 흥미를 보이지요.

혹시, 이렇게 질문하는 부모님 계신가요?

"이거 뭐야?"
"이거 뭐라고 써 있어?"
"이거 얼마야?"

아이의 흥미가 떨어지기 전에, 질문 방법을 이렇게 한번 바꿔보세요.

"여기서 가장 사고 싶은 건 뭐가 있어?"
"이건 수요일까지 할인한다고 하네. 사볼까?"

"이 물건이 가장 싸게 판다. 990원이래. 저건 얼마일까?"

항상 부모는 아이에게는 친절한 설명자가 되어야 합니다. 늘
강조하지만 항상 재미있어야 합니다. 재미 요소가 빠진 상호작
용과 의사소통은 서로에게 힘만 들 뿐이지요.

집 안에 여러 한글 벽보를 붙이는 것보다 이렇게 직접 아이와
대화하며 적극적으로 활용하는 것이 아이의 언어 발달 자극에
큰 도움이 됩니다.

지면으로 한 번, 체험하며 한 번 더

혹시 지도 보는 것 좋아하시나요? 지금처럼 네비게이션이 없
던 시절에는, 집마다 전국 지도가 있었습니다. 지도를 보며 목
적지를 찾아갔던 시절이 있었지요. 저는 어릴 때부터 지도 보는
것을 좋아했습니다. 지금도 종종 지도를 보며 지역 곳곳을 익히
는 일을 좋아합니다. 아이도 저를 따라 지도를 즐겨 보고, 지하
철 노선도에도 관심을 표하기도 하지요.

아이는 생각보다 지도나 노선도를 함께 보는 일을 신기해하
고 좋아합니다. 이렇게 지도를 보는 일은 내가 속한 지역의 지

명이나 우리 동네를 지나가는 지하철 노선의 이름을 자연스럽게 익힐 수 있는 좋은 방법입니다.

내가 사는 지역을 다 익히면 친구나 친척들이 사는 동네까지 확장해서 점차 한글을 익혀나갈 수 있습니다. 제 아이도 스스로 이모, 사촌, 할머니, 할아버지 동네를 기억해가며 역 이름을 읽고 기억하는 것을 즐거워했습니다. 단순히 지도에서 그치는 것이 아니라, 직접 버스나 지하철을 타서 거기에서 보이는 안내판이나 표지판, 노선의 이름들을 함께 이야기하며 경험한다면 더욱 글자에 친숙하게 되지요.

요즘 자차로 이동하는 경우가 많아서 대중교통을 초등학교 고학년이 될 때까지 이용하지 않는 아이들도 많습니다. 저는 일부러 아이와 함께 버스나 지하철을 타고 이동하며, 지도 속에 나오는 지역을 알려주는 활동을 하기도 했습니다. 지하철을 좋아하는 아이의 경우, 노선도는 매우 흥미로운 탐험을 할 수 있는 보물지도와 같지 않을까요.

마트 전단지, 지도에서 한글 배우기 외에, 제가 가장 효과를 보았던 것은 따로 있습니다. 바로, 유치원 친구들의 이름 명단입니다. 아이는 5세(만 3세)에 유치원에 입학했는데, 입학식 날 유치원 입구에 각 반별로 아이들의 이름이 있었습니다(그 이후부터는 아쉽게도 아이들의 개인정보 이슈로 명단을 공개적으로 볼 수 없었지만). 그 당시 저는 아이의 등하원을 직접 해주지 못하는 상황이었습니다. 그래서 같은 반 아이들의 명단을 사진으로 찍어두었습니다. 바쁘지만 아이의 유치원 생활에 더 많은 관심을 쏟고자 아이의 반 친구들의 이름을 외우려고 했습니다. 아이와 대화를 나눌 때 자연스럽게 친구들의 이름을 이야기하자, 아이는 엄마가 친구들 이름을 어떻게 알았는지 궁금해 했습니다. 아이에게 명단 사진을 보여주었습니다. 아이는 너무나 좋아하며 아이들 이름을 크게 써달라고 요청했습니다.

그 뒤로, 친구들 이름을 함께 보며 친구들 이야기와 유치원 이야기를 주고받았고, 아이는 한 명 한 명 친구들의 이름을 외우려고 열중했습니다. 총 49명의 또래 친구들의 이름을 거의 다 외웠고, 같은 성씨나 이름을 제외하면 약 100음절의 다양한 글자를 아예 외워버린 셈이었습니다.

아이는 친구들의 이름을 쓰고 외우면서, 성씨라는 개념을 자연스럽게 이해하였고, 똑같은 글자가 포함된 비슷한 아이들의 이름을 자연스럽게 분리하고 분별할 수 있는 능력을 키웠습니다. 이는 곧 공통음절을 확인할 수 있었던 활동이었지요. 그렇게 하여 아이는 음절이라는 큰 단위의 공통점부터 자음, 모음 각각의 작은 단위의 음소 개념까지 자연스럽게 알게 되었지요.

저는 때때마다 궁금해 하는 글자들을 소리 나는 그대로 알려주기만 했고, 한글 공부를 따로 시킨 적은 없었지만, 제 아이는 점차적으로 한글을 자연스럽게 읽어내게 되었습니다.

온 세상이 한글 놀이터

바깥에서 한글을 익힐 수 있는 가장 쉬운 방법은 간판 보기입니다. 아이들이 자주 가거나 좋아하는 가게들의 간판을 보며 그 가게 이름을 그대로 알려주는 것 또한 많은 도움이 됩니다. '철이네 식당'이라는 간판이 있다고 가정해보겠습니다. 아이는 처음에는 철이네 식당이라는 간판 자체를 그림으로 인식합니다. 엄마가 저 글자가 철이네 식당이라고 말해주면, 그제야 아이는 그 자체의 모양으로 뜻을 기억하게 됩니다. 저는 아이가 어릴 때부터 대형 마트, 편의점 등의 종류를 정확하게 알려주었습니다. 편의점 중에서도 '세븐일레븐, 씨유, 지에스25, 이마트24' 등 어떤 이름의 편의점인지 정확하게 간판 이름을 알려주었지요. 요즘 간판들이 영어로 많이 표기되어 있지만, 인지가 되면 아이는 간판의 그림과 모양만 보고 어떤 가게인지 척척 이야기할 수 있지요. 한글을 잘 깨치는 아이가 되기 위해서는 주변부터 잘 살피며 어떤 글자들이 있는지 관심을 갖도록 만드는 것이 가장 중요합니다.

지금까지 나열한 방법들이 제 아이가 한글 학습을 따로 시키지 않고도 한글을 떼게 된 방법입니다. 요즘 주변에서 가장 많이 받는 질문이 "한글을 언제부터 시작하셨어요?", "한글 어떻게 가르쳐주셨어요?", "한글을 학습식으로 해야 하나요?" 등입니다. 거기에 대한 대답은 간결하게 "아니요"지만, 아이가 어릴 때부터 어떤 경험을 통해, 어떻게 자연스럽게 받아들이게 되었는지 이 책에서 이야기할 수 있어 매우 기쁘고 영광입니다.

Key Point! 한글 깨치는 아이

우리 주변에는 당연하게도 한글로 된 많은 사물들이 있습니다. 전단지, 현수막, 가게 간판… 많은 한글로 이루어진 세상에 조금 더 관심을 기울이도록 아이에게 말을 걸어주세요. 어느 날 갑자기 아이가 한글을 읽는 척이라도 할지 모릅니다.

Q&A 어떻게 해야 할까요?
수세기도 어려워하는 아이

> **❝** 아이가 초등학교 1학년인데 수
> 세기, 덧셈과 뺄셈을 무척 어려워합니다.
> 1학년은 어려워하는 게 맞나요? **❞**

1학년 아이가 덧셈과 뺄셈을 처음 배운다면, 배우는 과정 속에서 처음에는 어려워할 수 있지만, 그 어려움은 오래가지 않을 것입니다. 글자를 읽는 것에서 음소인식이 매우 중요한 데 마찬가지로, 수 학습에서 수 감각은 매우 중요합니다.

수 감각이란, 수에 대한 인식과 수가 의미하는 바와 수 사이의 관계들을 이해하는 능력을 말합니다. 이러한 수 감각이 잘 발달하는지에 따라 수학을 쉬워하기도 하고, 어려워하기도 하지요. 어린아이들에게는 수 감각 발달을 위해 사물을 가지고 놀이로 접근하기도 하며, 게임을 이용하여 기초 연산 능력을 키워주기도 합니다.

1학년 아이가 수세기를 잘 못한다면 수 감각 및 연산 능력 발달에 어려움을 겪을 가능성이 매우 높습니다. 수학에 어려움이 있다면 난산(수학 장애)을 의심해봐야 합니다. 아이가 난독 현상을 보인다면 난산을 동반할 확률이 다른 아이들에 비하여 두 배 정도 더 높습니다.

아이에게 직산 능력이 있는지 확인해보세요. 직산이란, 직관적 수세기로 예를 들면, 주사위를 굴려 나온 숫자를 보고 바로 말할 수 있어야 합니다. 같은 8개의 점을 3개와 5개, 4개와 4개로 나누어 찍어도 그것을 보고 바로 8개임을 알아차릴 수 있어야 합니다. 10개 이하의 수에서의 직산이 가능한지 반드시 살펴보고, 전략적 수 세기를 이해할 수 있는지 없는지 확인해봅니다.

수 세기는 초등 입학 전에 충분히 할 수 있는 능력이므로, 1학년임에도 아직도 수 세기를 어려워한다면 반드시 담임선생님과 상담해보시고, 필요하다면 전문가의 조언을 들어보는 것이 좋습니다.

· 3단계 ·

'어휘력'을 키우면
자신만만해집니다

음운변동에
익숙해지도록 합니다

음운인식과 파닉스 훈련이 끝난 아이들에게는 이제 어휘에 대한 중재가 필요합니다. 한국말은 자소 음소 일치형으로 명확하게 음절로 표시할 수 있지만, 뜻이 있는 어휘에서는 의미에 따라 달리 표기됩니다. 그리고 한자 어휘의 특수성과 말소리 연쇄에 따라 글자와 발음 소리에서 차이가 발생하게 됩니다. 이러한 것을 우리는 '음운변동'이라고 부릅니다.

음운변동은 어떤 환경에서 한 음소가 다른 음소로 바뀌는 것을 말합니다. 학창시절 배웠던 '경음화', 'ㅎ탈락', '유음화', '비음화' 등의 음운변동 법칙이 떠오르시지요? 이러한 음운변동에 대해 잘 이해하기 위해 '형태소'를 알아보겠습니다.

형태소(Morpheme)란, 의미 있는 가장 작은 말소리의 단위입니다. 아이들은 글을 읽기 시작하며 점차 형태소 인식을 하게 됩니다. 형태소 인식은 어휘의 형태소와 구조를 인식하여 그 구조를 생각하고 조절할 수 있는 언어적 능력을 말합니다. 예를 들어, '좋다'라는 어휘에서 '좋'과 '다'에서 '좋'은 변하지 않고, '다' 자리는 변하여 '좋고', '좋으니', '좋아서', '좋지만' 등으로 바뀔 수 있다는 사실을 아는 것이지요.

아이들에게 필요한 음운변동들

초등학교 1학년 아이들은 한글을 배운 지 얼마 되지 않았기에 글자가 써 있는 그대로 읽는 경우가 많습니다. 그러다 점차 형태소를 인식하게 되고, 자신이 구사했던 말소리 발음을 글에도 적용하여 자연스럽게 글을 더 유창하게 읽게 됩니다.

음운변동들을 나열해보면 다음과 같습니다(표준발음법 참고, 음운 변동의 교수 순서는 상이할 수 있습니다).

- 끝소리 규칙(종성 대표음): 음절의 끝 자음이 7종성(ㄱ, ㄴ, ㄷ, ㄹ,

ㅁ, ㅂ, ㅇ) 중 하나로 대표되어 소리 나는 규칙(예: 꽃→〔꼳〕, 부엌
→〔부억〕 등.

• 연음화: 음절의 끝 자음과 그다음으로 모음으로 시작되는 경
  우, 음절의 끝 자음이 뒤 음절 첫소리로 발음되는 규칙(예: 악
  어→〔아거〕, 꿈은→〔꾸믄〕 등).

• 경음화: 두 개의 예사소리('ㄱ', 'ㄷ', 'ㅂ', 'ㅅ', 'ㅈ')가 서로 만날
  때, 뒤의 소리가 된소리('ㄲ', 'ㄸ', 'ㅃ', 'ㅆ', 'ㅉ')로 발음되는 규
  칙(예: 박수→〔박쑤〕, 흡수→〔흡쑤〕 등〕).

• ㅎ탈락: 음절의 끝 자음 'ㅎ'과 그다음 모음으로 시작되는 경
  우 'ㅎ'이 탈락하는 음운 규칙(예: 쌓은→〔싸은〕, 놓아→〔노아〕 등).

• 격음화: 음절의 끝 자음 'ㅎ'과 예사소리('ㄱ', 'ㄷ', 'ㅂ', 'ㅅ',
  'ㅈ')가 서로 만날 때, 뒤의 소리가 거센소리('ㅋ', 'ㅌ', 'ㅍ', 'ㅊ')
  로 발음되는 규칙과 음절의 끝 자음 'ㄱ, ㅅ, ㅂ, ㅈ' 뒤에 뒤의
  소리가 'ㅎ'일 때 거센소리로 바뀌는 규칙(예: 낳다→〔나타〕, 집
  합→〔지팝〕 등).

• 비음화: 비음(코울림 소리)이 아닌 소리가 비음으로 바뀌는 규
  칙(예: 밥맛→〔밤맏〕, 빗물→〔빈물〕 등).

• 유음화: 'ㄴ'이 'ㄹ'의 앞이나 뒤에서 'ㄹ'로 닮게되는 규칙
  (예: 신라→〔실라〕, 칼날→〔칼랄〕 등).

• 구개음화: 음절의 끝 자음 'ㄷ', 'ㅌ'이 모음 'ㅣ'와 만나면

구개음인 'ㅈ', 'ㅊ'으로 바뀌는 규칙과 음절의 끝 자음 'ㄷ' 이 뒤에 '히', '혀'가 올 때 구개음으로 바뀌는 규칙(예: 해돋이 →[해도지], 밭이→[바치], 갇히다→[가치다] 등).

- 겹받침: 음절의 끝 자음으로 'ㄹㄱ', 'ㄱㅅ', 'ㄴㅈ', 'ㄴㅎ', 'ㄹㄱ', 'ㄹㅁ', 'ㄹㅂ', 'ㄹㅅ', 'ㄹㅌ', 'ㄹㅍ', 'ㄹㅎ', 'ㄹㅁ', 'ㅂㅅ', 'ㄹㅂ' 겹받침이 오면 뒤 음절의 환경에 따라 7종성 (ㄱ, ㄴ, ㄷ, ㄹ, ㅁ, ㅂ, ㅇ) 중 하나로 대표되어 소리 나는 규칙 (예: 없다→[업따], 몫이→[앉아] 등).

아이들이 가장 쉽게 스스로 적용할 수 있는 음운변동은 바로 연음화입니다. 연음화는 받침이 뒤에 초성이 없는 모음이 오게 되면 자연스럽게 받침의 소리가 넘어가 발음이 되는 것을 말하지요. '악어'라는 말은 [아거]로 발음되고, '곰이'라는 말은 [고미]로 발음되며, '있어요'는 [이써요]로 발음되는 것을 아이들은 자기도 모르게 연음화를 적용하여 읽습니다. 그 이유는 이미 자연스럽게 발음하고 있었기 때문에, 한글을 배운 지 얼마 되지 않았을 때는 [악.어] 그대로 읽지만, 읽다 보면 자신이 이미 익숙하게 발음한다는 사실을 알게 되어 자연스럽게 발음하게 됩니다.

그런데 난독 현상을 겪는 아이들은 이러한 음운변동을 자연스럽게 적용하기 어려울 수 있습니다. 그래서 이에 대한 지식을 음운변동 규칙별로 나누어서 차근차근 잘 알려주어야 합니다. 난독 현상을 겪는 아이들에게는 큰 덩어리 단위에서 음운변동을 알려주는 것이 아닌, 음운변동이 일어나는 작은 단위, 즉 음운이 변하는 환경별로 더 상세히 쪼개어 알려줍니다. 그렇기에 난독중재자라면 음운론(추상적이고 심리적인 말소리인 음운을 대상으로 음운 체계를 밝히고, 변천을 연구하는 학문)과 형태론(형태소에서 단어까지를 다루는 문법학)을 공부해야 하며, 현대 국어의 표준발음법에 대한 지식이 높아야 합니다.

난독 아이들에게 음운변동을 문법 지식으로서 외우게 하는 것이 아닌, 음운변동이 일어나는 공통 환경별로 묶어 실제적인 단어들을 학습하게 함으로서 자연스럽게 습득하게 합니다. 음운변동 규칙과 더불어 어휘 학습을 함께 실시할 수 있는 것이지요. 아이들이 어떨 때 어휘를 더 효과적으로 학습하는지에 대한 질문에 끊임없이 고민할 필요가 있습니다.

어휘력 향상에 왕도는 없습니다

많은 부모님들이 "선생님, 어떻게 하면 어휘가 더 늘어나게 할 수 있나요?"라는 질문을 많이 합니다. "어휘를 늘리는 책이나 추천할 만한 학습지가 있을까요?"라는 질문을 정말 많이 받습니다. 누누이 말씀드린 것처럼 아이에게 책을 많이 읽어주는 것이 가장 중요하며, 책을 읽으면 읽을수록 아이는 스스로 어휘에 대해 궁금해 합니다. 어휘는 하나하나 따로 읽고 외워서 익히는 것이 아니라, 맥락 속에서(글의 의미 안에서) 이해가 될 때 습득이 가능합니다. 한글은 모국어이기 때문에 더욱 자연스러운 상황에서, 문맥(글 속 의미의 앞뒤 연결) 속에서, 실제로 그 어휘가 사용되는 생활 속에서 노출이 잦을 때 습득되는 것이지요.

더해서 학령기 아동이라면, 학습을 위해 한자어군을 만들어주는 것이 좋습니다. 자주 쓰는 한자 어휘별로 비슷한 유의어나 반대어 등을 묶어서 알려줍니다. 시중 서점에 많은 문제집 책들이 한자 어휘를 다루고 있으니, 찬찬히 살펴보고 아이에게 적합해보이는 책을 선택해도 좋을 것입니다. 인터넷에서도 유익한 자료들을 얻을 수 있는 곳이 많으며, 요즘에는 AI를 이용하여 학습 자료를 만들 수도 있습니다.

연령이 좀 더 높은 고학년 아이들이라면 속담, 관용어, 고사성어 표현에 대한 학습도 꾸준히 하는 것이 좋습니다. 단순히 어휘의 명칭과 뜻뿐만 아니라 그 어휘가 실제 쓰이는 문장이나 덩이글까지 읽어보며 이해가 되어야 어휘가 체화됩니다. 서점에 함께 나가 아이가 읽어보고 싶어 하는 책을 선택하여 구매하도록 하는 것도 좋은 방법입니다.

Key Point! 한글 깨치는 아이

어휘는 글자를 익히는 데 중요한 단위입니다. 어휘를 효과적으로 학습하는 것에는 꾸준한 독서와 학습뿐입니다. 국어에 대한 힘을 키우는 데 어휘 공부는 난독증 아이들뿐만 아니라 그렇지 않은 아이들에게도 중시되는 활동입니다.

읽기 발달은
단어 발달로부터

아이들은 어떻게 어휘를 하나씩 읽고, 글을 전체적으로 읽을 수 있을까요? 국어력이 자라는 핵심적인 요소는 '읽기'에 있다고 해도 과언이 아닙니다. 읽어야 생각하고, 문제를 풀어낼 수 있으니까요.

읽기 발달을 논할 때 두 학자를 빼놓을 수 없습니다. 바로 잔느 챌(Jeanne S. Chall)과 린네 에리(Linnea Ehri)입니다. 잔느 챌의 읽기 발달 단계[7] 이론은 전 생애에 걸친 읽기 발달을 이야기하고, 린네 에리의 읽기 발달 단계 이론[8]은 어린아이들이 어떻게 단어를 읽게 되는지를 자세히 논합니다.

챌의 읽기 발달은 총 여섯 단계로 다음과 같습니다.

챌의 읽기 발달 단계

단계		나이	특징
1	표의단계	6개월~ 6세	"글자에는 뜻이 담겨 있구나" 활자(인쇄 된 글자)에 대한 인식이 생기며, 글자를 알지 못해도 읽는 척을 할 수 있으며, 자신의 이름을 글자로 쓸 수 있습니다. 친숙도에 따라 어떤 단어인지 예측할 수 있습니다.
2	알파벳 단계	6~7세 (초등 1학년)	"소리를 글자로 쓸 수 있구나" 소리-글자 대응을 이해하고 규칙적인 관계에 대해 이해할 수 있습니다. 친숙한 어휘를 포함하는 간단한 읽기가 가능해지며, 점점 더 음운학적 정보를 이해하기 시작합니다.
3	철자 단계	7~8세 (초등 2-3학년)	"뜻에 따라 맞춤법을 지켜야 하는구나" 친숙한 단어부터 자동적 읽기가 형성되고 글자를 읽어내기 위한 수고를 덜어내 더욱 유창하게 읽을 수 있으며, 음운규칙을 적용하여 읽을 수 있습니다.
4	학습을 위한 읽기 단계	9~14세 (초등 4학년~ 중학생)	"읽으면서 새로운 것을 배울 수 있구나" 자동성과 유창성이 확립되어 읽기이해와 학습에 초점을 맞추게 되며, 복잡한 텍스트를 이해하여 읽기를 통해 새로운 지식을 습득 할 수 있습니다.
5	추론 및 비판 단계	14~17세 (고등학생)	"나와 다른 생각을 가지고 있구나" 글을 읽고 해석하는 능력이 생기고, 글에 대한 비판이나 추론의 기술이 발전하여 다양한 관점을 가지게 됩니다. 배경지식, 메타인지 등의 여러 능력들을 통합할 수 있습니다.

| 6 | 전문적
지식 구성,
재구성
단계 | 18세~
(대학생,
성인) | "나도 전문가, 작가가 될 수 있구나"
글을 목적에 따라 읽을 수 있게 되며, 자신의 지
식과 타인의 지식을 통합하여 자신만의 전문 분
야를 구축할 수 있고, 새롭게 창조하여 작문하
는 능력을 갖게 됩니다. |

이 글을 쓰고 있는 저는 지금 읽기 발달 6단계, 전문적 지식 구성, 재구성 단계에 있다고 말할 수 있습니다. 제가 가진 전문적 지식과 경험들을 여러분에게 쉽고 편안하게 풀어가려고 노력하며 글을 쓰고 있으니까요.

읽기 발달은 나이가 들어서도 꾸준히 독서와 작문을 통해 계속적으로 발달할 수 있습니다. 책을 손에서 놓지 않는 독자 여러분들도 현재 계속적 읽기 발달을 하고 있는 것입니다.

단어 읽기 발달의 과정

지금까지 전 생애적 읽기 발달에 대해 논하였다면, 이제 아이들이 세상에 태어나 글자를 유창하게 읽기까지의 발달 과정을 살펴볼 수 있는 에리의 단어 읽기 발달(4 Phases of Learning Sight Words)에 대해 살펴보겠습니다. 총 네 단계로, 4~6세 사이 아이들의 단어 읽기가 어떻게 발달하는지 보여줍니다.

에리의 읽기 발달 단계

단계		특징
1	알파벳 이전 단계	인쇄된 활자 개념을 알게 되지만, 글자와 소리의 대응을 아직 못하여 환경과 상황 등 시각적인 특징으로 단어를 인식하게 됩니다.
2	부분 알파벳 단계	몇몇 글자들과 발음 소리를 부분적으로 연결시켜 인식하며, 첫 글자 위주로 단어를 기억합니다. 한글의 경우 이 단계에서 음절 읽기를 시작합니다.
3	전체 알파벳 단계	글자와 소리 대응을 연결을 할 수 있으며, 규칙을 이해하여 글자–소리 일치형 단어나 일견단어(친숙한)를 쉽게 읽어낼 수 있습니다.
4	통합 알파벳 단계	대부분의 단어를 읽을 수 있으며, 음운변동을 이해하고 철자법을 익혀 맞춤법을 완성하고, 형태소와 단어군을 형성하여 어휘발달이 빠르게 증가됩니다.

어휘를 모르는 어린아이들도 상호만 보고 어떤 가게인지, 어떤 회사인지 이해하여 표현할 수 있습니다. 도로의 여러 표지판들이 어떤 뜻을 나타내는지, 그것이 어디에 있는지 장소와 상황, 환경에 의해 아이들에게 기억됩니다. 또 자주 읽었던 책의 제목을 기억하여 책 표지만 보고도 제목을 술술 말할 수 있습니다. 그렇게 활자나 상징물들을 기억하고 있다가 읽기 발달이 진행될수록 친숙한 통글자 단어에서 점차 글자를 인식하게 됩니다. 공통된 글자에 주목하고, 자신의 이름 쓰기 등을 연습하여 더욱 소리와 글자 체계를 명확하게 알게 되지요.

읽기 발달에 어려움이 없는 아이들은 차츰 경험과 학습에 의해 더욱 명료하게 단어 읽기가 가능해집니다. 형태소를 인식하며 음운 변동 규칙을 자연스레 이해합니다. 철자법을 익혀 뜻에 따라 형식을 잘 갖추어 써야 함을 알고 올바른 맞춤법을 형성해 나갑니다.

아이들은 더 많은 양의 글자들을 자동적으로, 엄청난 애를 쓰지 않아도 잘 읽습니다. 이로 인해 머릿속으로 입력되고 이해되는 것이 많아짐에 따라 어휘에 대한 나름의 범주화를 시작하며 어휘 발달은 급속도로 빨라집니다. 그렇게 문장과 문단을 수월하게 읽고, 학습하는 과정을 성공하게 됩니다.

연령에 따라 아이들은 점차 더욱 성숙해져, 자신만의 의견이나 가치관을 형성하며 다양한 관점으로 글을 읽게 되고, 비교와 평가, 비판적 시각을 갖추게 됩니다. 읽기는 단순하게 글자를 읽는 것이 아닌, 언어와 어휘 능력, 문법과 구문 구조의 이해, 배경지식, 메타인지능력, 정보처리능력, 기억력 등이 뒷받침되어야 합니다. 동시에 이러한 것들을 더욱 함께 발전시키는 강력한 기술이라고 말할 수 있습니다.

Key Point! 한글 깨치는 아이

심리학자이자 문해력 연구자인 잔느 챌의 읽기 발달 6단계에 따르면 표의단계, 알파벳 단계, 철자 단계, 학습을 위한 읽기 단계, 추론 및 비판 단계, 전문적 지식 구성, 재구성 단계로 이뤄집니다. 우리 아이의 읽기 발달 단계에 맞는 적절한 도움이 필요합니다.

그림책으로
어휘와 친해지도록

앞서 대화식 책 읽기를 통한 한글 깨치기를 강조했습니다. 대화식 책 읽기에 그림책만큼 좋은 책이 없습니다. 그림책은 어린아이들뿐만 아니라, 초등학생, 청소년, 성인까지 모든 연령층에서 즐길 수 있는 책이 아닐까 생각합니다.

그림책은 어린아이들에게는 언어를 포함한 정서 발달을 도모하고, 초등학생들에게는 가치관 형성에 도움을 주며, 중고등학생들과 성인들에게는 다양한 철학적 관점과 인생을 돌아보는 사색의 도구로 활용될 수 있습니다.

일반 그림책으로 자연스럽게

제가 여기서 강조하고 싶은 것은, 그림책을 즐기면서 한글을 차차 받아들일 준비가 필요하다는 것입니다. 한글 자모음을 직접 알려주는 그림책이나 한글 사전 그림책 같은 종류의 책을 말하는 것이 아닙니다. 물론 이런 책도 아이들에게 분명한 도움이 될 수 있습니다. 그러나 어휘를 알려주기 위한 도구로서 책을 이용하는 것이 아니라, 그림에 관심을 가지고 한글에 자연스럽게 궁금하도록 유도하는 데에 중요성을 강조하고 싶습니다.

한글 자모음을 직접 알려주는 그림책은 자칫 아이가 재미없어 하는 주제일 수 있으며, 그림과 스토리가 풍부하지 않을 수 있습니다. 아이가 좋아하는 그림책으로, 한글에 대한 주목도를 높이면 어떨까요? 또한 책 표지의 제목만 보고도 어떤 책인지 알게 하는 것, 제목을 읽는 것도 재미있어 하는 놀이로 만들어야 하지요.

좋아하는 책을 자주 읽음으로써 책 내용을, 이야기를 달달 외우게 만드는 것, 마치 아이 스스로 글을 읽어내는 것처럼 유도하는 것이 매우 관건입니다.

제 딸아이는 두 돌 무렵부터 일본 작가들이 그린 그림 동화 시리즈를 매우 좋아하고 즐겼습니다. 귀여운 그림체와 색깔을 무척 마음에 들어 했습니다. 아이는 매일 밤 엄마, 아빠와 함께하는 책 읽기를 좋아했지요. 33개월 즈음부터는 자주 읽었던 그림책을 스스로 펼치며, 자신이 엄마에게 읽어주는 척을 했습니다. 아이는 엄마, 아빠에게 들은 내용을 그대로 외워서 한 쪽씩 넘겨가며 마치 글자를 읽는 척 뽐내기를 좋아했습니다.

또한 아이는 책의 표지를 보고 제목을 손가락으로 짚어가며 책 제목을 알려주기를 좋아했지요. 감탄하고 칭찬하는 엄마, 아빠, 할머니 할아버지의 반응을 보고 싶어서 더욱 아는 척을 많이 했지요. 그 뒤로 그림책에 대해 관심을 더욱 보였고, 저는 아이의 마음을 토대로 아이에게 조금 더 다양한 책을 접하도록 했습니다.

아이가 기대감을 갖고 탐색하게 합니다

많은 부모님들이 아이에게 전집을 사주어야 하는지 고민합니다. 전집은 필수로 구매해야 하는 '육아템'처럼 느껴지는 시기가 오는 듯합니다. 저는 개인적으로 아이들 그림책을 전집으로 구매하는 것을 선호하지 않습니다. 전집으로 출간된 그림책들

중에는 아이의 선호가 없는 것도 있기 때문에 어차피 좋아하는 책 몇 권만 읽고 나머지는 책장에 그대로 들어갑니다. 저는 아이가 좋아할 만한 책을 한 권씩 사서 제대로 읽어주는 편이 경제적이라고 생각합니다.

그런데 만약 전집으로 샀다면, 이런 방법도 있습니다. 0~3세 시기에는 단행본으로 나온 그림책보다는 아기 그림책 시리즈로 책을 사는 경우가 많습니다. 저 또한 첫 돌이 지나고 어떤 책을 더 보여줄까 고민하다가 어떤 출판사에서 나온 말하는 펜과 같이 든 전집을 구입했습니다. 어떻게 하면 아이에게 이 책들을 더 친숙하고 재미있게 읽어줄 수 있을지 고민한 뒤, 구입한 상자를 모두 개봉하여 진열하지 않고 하루에 하나씩 개봉하는 방법을 택했습니다.

구입한 책 상자들을 모두 붙박이장 안에 넣어두고, 한 상자에서 하루에 한 권씩 책을 꺼내어 즐거운 '개봉식'을 즐겼습니다. 그 결과, 아이는 책을 향한 기대와 흥분, 어떤 책이 또 나올지 기대감을 가졌습니다. 어느 날은 앉은 자리에서 3~4권의 책을 꺼내 읽고 또 읽었지요. 그렇게 책을 즐길 줄 아는 아이가 되었습니다. 몇 박스로 배달된 책들을 한꺼번에 책장에 진열했다면, 보기 좋은 인테리어에 불과했을 것입니다.

이렇듯 책이라는 물성 자체에 재미를 주고 놀잇감처럼 느껴지게 심어주면 책은 읽어야만 하는 의무가 아니게 되지요. 어떤 동물과 사람들이 그려져 있고, 또 어떤 새로운 이야기들이 있는지 기대가 가득한 즐거운 장난감으로 변하게 됩니다.

혹시 집에 예쁘게 진열된 전집이 있으신가요? 이미 진열된 예쁜 책이라 하더라도, 이제부터 한 권, 한 권씩 책을 소개하고 탐색해보는 시간을 가져보세요. 아이는 내가 한 번도 안 읽었던 책을 기가 막히게 잘 알 것입니다. 어른은 기억이 가물가물해도, 아이는 "엄마! 이건 지난번에 읽었던 거야.", "어? 이건 내가 한 번도 안 본 건데 오늘 읽어볼래!"라고 말할 수 있습니다. 그림책으로 아이를 한글에 매우 관심 높은 아이로, 이야기에 눈이 반짝반짝 빛나는 아이로 키워보세요. 늦지 않았습니다.

Key Point! 한글 깨치는 아이

그림책으로 한글과 친해지게 한다고, 자칫 학습적인 요소만 강조하다가는 아이가 도리어 한글과 멀어지게 될 수 있습니다. 한글을 깨쳐야 하는 연령대에는 아이의 흥미 위주로 최대한 아이가 적극적으로 반응할 수 있는 활동을 해주세요.

어휘력이 부족한 아이

**" 영상에 너무 많이 노출되어서 그런지,
아이 어휘력이 너무 부족한 것 같아요.
어휘력을 늘리는 방법이 있을까요? "**

백 번 천 번 영상보다 책이 좋습니다. 세상사 지식이 풍부해야 겠지요? 어릴 때는 몸으로, 눈으로, 귀로 하는 경험이 정말 중요합니다. 우리 아이의 배경 지식을 경험으로 쌓아주시고, 책으로 확장해주세요. 좋아하는 주제를 찾고, 책에서 언급했던 표현이나 어휘를 꼭 기억해두었다가, 실제 상황에서 꼭 써먹어주세요. 대화에 의도적으로 어려운 표현을 넣어 자연스럽게 이야기해보세요. 아이가 단어의 뜻을 물어보았다면 너무 좋은 신호입니다. 한글 깨치기의 강력한 기회를 놓치지 마세요! 어린아이들에게 어휘를 설명할 때에는 사전적 지식보다는 실제 예를 들어 설명해주시고, 학령기 아이들에게는 한자 어휘의 뜻을 꼭 알려주세요.

예를 들어, 책을 읽다가 아이가 "'신뢰'가 무슨 뜻이야?"라고 물어본다면, '신뢰'라는 단어를 어떻게 설명할 수 있을까요? 사전적 의미는 '굳게 믿고 의지함'이라고 나오지만, 아이에게 또 '의지하다'는 어떻게 설명해야 할까요? 사전적 의미로만 아이에게 설명한다면 아이는 금방 그 단어를 잊어버리기 쉽습니다. 일단 아이에게 비슷한 뜻의 단어를 알려주고, 어떤 상황에서 그 단어가 사용되는지 설명해줍니다.

"신뢰는 믿음이랑 비슷한 말이야. 아빠가 엄마랑 한 약속을 잘 지키면 신뢰가 생겨. 신뢰가 생기면 엄마는 아빠를 믿고 아빠 말을 잘 따라주겠지? 우리 딸은 엄마를 신뢰해?"

이러한 대화로 아이에게 어려운 단어를 설명하고, 그 단어를 생각해보게 하는 것이 좋습니다. 또한, 여기에 양치기 소년 이야기 같은 그림책을 읽어주고, "양치기 소년은 사람들에게 거짓말을 자주해서 신뢰를 잃어버렸어"와 같은 표현을 사용하여 신뢰에 대해 생각해보게 할 수도 있습니다. 평소에도 아이가 엄마의 말을 잘 따라준다면, "엄마를 신뢰해줘서 정말 고마워" 등의 표현도 자주 사용해주어 자연스럽게 단어가 스며들도록 해주어야 합니다.

· 4단계 ·

'읽기 유창성'이
중요한 이유

문해력이
자라납니다

한글을 깨치고 나서는 '문해력'이라는 키워드가 가장 중요하게 자리 잡습니다. 각종 매체의 발달로 아이들이 종이로 수행하는 학습 시간은 점점 더 줄어들며, 직접 써내려가면서 해야 하는 학습법 또한 줄어들었습니다. 책을 보는 시간 또한 확연하게 감소하였지요. 일련의 이유들로 인하여 우리 아이들의 문해력은 날이 갈수록 낮아만 갑니다.

이러한 낮은 문해력은 학습과 사회생활에 문제가 됩니다. 그래서 문해력을 키우기 위한 노력이 가중되고 있지요. 저 또한 문해력을 위한 수업을 따로 진행할 정도입니다.

문해력, 의미적 읽기가 가능해집니다

문해력(文解力)이란 단순하게 음성적으로 읽는 것이 아닌, 읽으며 이해를 하는 '의미적 읽기'까지 포함합니다. 이러한 문해력이 잘 갖춰지려면 몇 가지 조건들이 잘 맞아주어야 하는데, 그중 첫 번째는 앞서 강조하였던 '어휘력'입니다.

아이들이 글을 읽을 때 친숙하지 않은 어려운 단어가 많이 있다면, 글의 맥락을 이해하는데 어려움을 겪고, 전체적인 흐름이나 주제를 파악하기 매우 어려울 수 있습니다. 어휘의 뜻부터 모르니, 문장 더 나아가 그 문단에서 말하고자 하는 바를 정확히 이해하는 것이 어려울 수밖에 없습니다.

EBS 프로그램 〈당신의 문해력〉에서 보여주듯, 현재 많은 중고등학생들이 영어 단어는 알지만, 우리말의 단어 뜻을 정확하게 모르는 경우가 많습니다. 예를 들면, '베이비시터'라고 말하면 이해하지만, '보모'라는 말은 이해하지 못하는 경우가 그렇습니다. 어릴 때부터 수많은 외래어에 노출되었고, 조기 영어교육으로 영어 단어의 표현이 더 쉽게 다가옵니다.

텔레비전에 나온 아이들만 그럴까요? 현장에서 상당수의 아이들이 부족한 어휘력으로 글을 읽고 이해하고 쓰는 데에 많은 어려움을 겪는 모습을 봅니다.

두 번째로는 '상위언어기술의 발달'입니다. 상위언어기술이란, 언어가 가진 고유의 기능에 더해 언어에 관하여 분석, 판단, 사고할 수 있는 능력을 말합니다. 쉽게 말해 언어를 더 고차원적인 수준에서 다룰 줄 아는 것입니다.

음운 측면에서는 어휘를 구성하는 소리(음소)의 연쇄를 조작할 수 있습니다. 의미 측면에서는 은유어, 동음이의어 · 이음동의어, 관용어, 속담, 풍자 등에 대해 이해하고 표현할 줄 압니다. 구문 측면에서는 문법 구조, 맞춤법을 이해하는 능력이 생깁니다. 화용 측면에서는 청자의 수준과 의사소통 맥락을 파악하여 조절할 수 있습니다.

이러한 상위언어기술은 만 4세부터 조금씩 발달하여 초등학교 시기에 왕성하게 발달하게 됩니다. 상위언어기술을 잘 발달시킨 아이는 초기 문해력에 큰 어려움을 보이지 않고 국어 학습에서 빛을 발할 수 있습니다. 상위언어기술을 고루 발달시키지 못한 아이는 학습에 있어 매우 곤란함을 겪을 가능성이 높습니다.

한자어군을 추론하는 능력이 곧 어휘 실력

초등 시기 어휘력에서 강조되는 것은 바로 '한자'입니다. 제가 학교를 다니던 시절에는, 한자 교육이 매우 당연한 분위기였고, '한자를 많이 알아야 똑똑하다'라는 인식이 지배적이었습니다.

초등학교 3학년 시절, 그 당시 교장선생님의 지시에 따라 등교를 하자마자 약 20분 동안은 본적 주소, 현재 살고 있는 주소, 가족 이름, 학교 이름 등을 한자로 적어야 했습니다.

이후 중학교, 고등학교 시절 모두 한자 과목이 당연하게 교육과정에 들어가 공부를 했고, 대학교 시절에도 교양과목으로 한자를 수강했던 기억이 납니다. 실제로 고등학교 시절에는 한자 능력시험으로 특기자 특별 수시전형에 합격한 친구가 있을 정도였습니다. 성인이 된 지금이야 한자를 거의 다 잊었다 해도 과언이 아니지만, 그때 당시 배웠던 한자어, 사자성어들은 제 어휘 목록에 잘 남아 있습니다.

우리나라는 과거에 말소리만 있고, 말소리를 표시할 수 있는 문자가 없었습니다. 그래서 우리가 사용하는 말이 대부분 한자에서 차용되었기에 필수적으로 한자를 공부하지 않으면 어휘력이 부족할 수밖에 없습니다. 지금 제가 방금 쓴 말만 보아도 한자가 몇 개나 쓰였는지 모르겠습니다.

몇 개인지 눈치 채셨나요?

- 그래서 우리가 사용(使用)하는 말이 대부분(大部分) 한자(漢字) 에서 차용(借用)되었기에 필수적(必須的)으로 한자를 공부(工夫) 하지 않으면 어휘력(語彙力)이 부족(不足)할 수밖에 없습니다.

네, 무려 여덟 개의 단어가 한자 어휘였습니다. 한자 개수로 따지면 19개나 들어간 셈이었지요. 한자를 공부하면 여러 어휘 들이 같은 한자음으로 쓰였는지, 다른 종류의 뜻인지 구별해내 는 것이 가능합니다. 사자성어를 한자로 쓸 수 없으나 문맥과 상황에 맞는 사자성어 표현을 말하고 쓸 수 있지요.

그런데, 지금 우리 아이들의 교육과정을 살펴보면 한자에 대 한 교육이 빠져 있습니다. 우리말 표현 중 한자어가 차지하는 비율이 약 70퍼센트 정도라고 하니, 한자 공부를 할 필요가 명 명해 보입니다. 특히, 같은 한자어군을 아는 능력이 어휘 실력 을 가르기도 합니다.

그렇다고 이 시기의 아이들에게 한자 모양 그대로 외우게 하 고, 쓰게 하는 학습이 필요하다는 말은 아닙니다. 적어도 '재 주', '재능', '재간' 등의 어휘에서 '재'라는 것이 '재주'를 뜻하는 한자어군이라는 것, 그러한 뜻을 가진 것 같다는 추론을 할 수 있을 정도로 도와주는 학습을 해야 한다는 이야기입니다. 또한, 단순히 어휘들을 개별적으로 따로 떼어서 공부하거나 외우게 하는 것도 도움이 되지 않습니다.

초등 시기의 아이들은 새로운 어휘를 하루에 보통 1~2개 정도 습득합니다. 여기서 습득한다는 것은 그 어휘를 새롭게 배우고 자신의 어휘 목록으로 완전하게 자리 잡는 것을 말합니다. 어휘를 더 효과적으로 학습시키기 위해서는 실제 문장에서 어떻게 쓰이고 활용되는지 알아야 합니다. 어휘의 사전적 의미를 알려주는 것도 중요하겠지만, 어휘를 실제 경험으로 습득할 수 있도록 돕는 것이 더욱 효과적입니다.

문해력을 높이기 위해서 다양한 분야를 골고루 읽는 것은 많은 도움이 됩니다. 이 시기의 아이들은 '학습을 위한 읽기 단계'에 놓여 있습니다. 자연, 과학, 사회, 철학, 인문, 역사 등 아이들의 수준에 맞게 각색된 다양한 장르의 책을 읽어야 합니다. 그래야 다양한 배경 지식의 정보 처리 능력이 쌓입니다. 어휘가 축적되며, 다음 읽기 단계인 '추론 및 비판 읽기'로 나아가는 발판을 마련해줄 수 있습니다.

속담, 관용어 학습이 중요합니다

초등학교 5학년 성민이는 또래와 잘 어울리지 못하고 종종 맥락에 벗어난 이야기를 할 때가 있습니다. 부모님은 걱정이 된 나머지 성민이와 함께 제가 있는 치료실에 방문했습니다. 상담을 해보니 아이의 언어 수준은 또래 아이들과 비슷하였고, 어휘력 또한 크게 떨어지지 않았습니다. 그러나 상위언어와 화용 기술에서는 또래보다 지체된 것으로 나타났습니다.

학업성적은 우수한 편이었으나, 국어보다는 영어에서 더 강점을 보이는 아이였습니다. 치료실을 찾을 때마다 성민이의 엄마는 매번 진전된 사항이 있는지 질문을 하며 불안을 떨치지 못했습니다. 상위언어가 좋아지려면 어떻게 해야 하는지, 어떤 출판사의 학습지가 좋은지 물어왔습니다.

학령기 아이들의 부모님을 만나다 보면, "선생님 어떤 출판사가 독해력에 좋나요?", "관용어 이해를 잘 하려면 어떤 학습지가 좋을까요?" 등 문제집에 관한 질문을 정말 많이 받습니다. 이것은 해결점을 학습지나 문제집에서 찾으려는 경우라고 말하고 싶습니다. 물론, 속담이나 관용어 등을 따로 모아놓은 훌륭한 책이 많습니다. 저도 여러 책을 이용하기도 하고, 어머님들께 추천도 합니다.

그러나 꾸준히 많은 책을 읽으며 실제적인 예시와 상황에 많이 노출되는 것이 중요합니다. 아이가 글을 읽으며, 그 상황과 맥락 안에서 사용되는 자연스러운 이해가 많으면 많을수록 아이의 상위언어능력은 더 높아질 수 있습니다. 특히 속담에 대해 이해한다는 것은, 지역과 나라의 문화에 대한 이해, 오랫동안 전해져 내려오는 삶의 지혜에 대한 이해, 역사적 배경에 대한 이해, 대중적인 사고나 관념을 이해할 수 있다는 것입니다. 또한 속담은 고자성어나 사자성어와 호환되는 것들이 많기 때문에, 어휘력 발달에 상당한 영향이 있습니다. 우리 아이가 이미 책을 좋아하고 많이 읽는다면, 시중에 나온 속담, 관용어가 있는 책을 구입하여 활용해보는 것도 좋은 방법입니다. 그러나 아직 읽지 못했다면 만화로 나온 재미있는 책도 있으니 꼭 읽어보도록 도와주세요.

Key Point! 한글 깨치는 아이

본격적인 학습이 시작되는 시기에는 단순한 음성적 읽기가 아닌, 의미적 이해가 가능한 읽기로 향해갑니다. 초등학교 시절부터는 문해력을 키워주어야 할 결정적 시기이지요. 특히, 우리나라 말에는 한자어가 많기 때문에 한자를 이 시기에 배우기를 추천합니다.

읽기 유창성을 파악한
아이에게 있는 것

읽기 유창성이란, 글을 빠르고 정확히 리듬감 있게 읽어내는 것을 말합니다. 단순히 빠르게만 읽는 것이 아닌, 정확성이 뒷받침 되며 운율감을 살려 자연스럽고 유창하게 읽어내는 것이지요. 읽기 유창성을 높이려면 가장 먼저 정확성이 형성되어야 합니다. 아무리 빠르게 읽어낸다 하더라도 다 틀리게 읽어낸다면 유창함을 떠나 읽기이해도 되지 않겠지요.

읽기 유창성에서 이 세 가지가 모두 갖춰지지 않으면 읽기 유창성은 높아질 수 없습니다. 글을 읽으며 동시에 이해할 수 있는 것의 필수 조건은 바로 '큰 힘을 들이지 않고 유창하게 읽어

내는 것'입니다. 물론, 어떤 아이들은 기계적으로 유창하게 읽지만 이해하지 못하는 경우도 있습니다.

소리 내어 반복해서 읽는 습관

읽기 유창성을 훈련하는 가장 좋은 방법은 '소리 내어 읽기'와 '반복'입니다. 아이가 글을 잘 읽기 시작하였더라도 소리 내어 읽는 것을 게을리해서는 안 됩니다. 눈으로만 읽는 '묵독'과 소리를 내어 읽는 '낭독'을 비교할 수 없을 정도로, 낭독이 중요합니다. 예전에 속독학원이 유행하기도 했었고, 지금도 속독학원이 있습니다. 물론 속독이 나쁘다고 말할 수는 없지만, 글의 이해도에 있어서는 빠르게 읽고 많은 것을 처리하는 것보다, 천천히 소리 내어 집중하며 읽는 것이 더 효과적입니다.

아이들은 어느 정도 글을 읽을 줄 알면, 남들 앞에서 소리 내서 읽기를 싫어합니다. 돌이켜 보면, 저 또한 소리 내어 읽는 것을 매우 싫어했습니다. 선생님이 일어나 자리에 서서 소리 내어 읽으라고 하면 실수하면 어쩌나, 내 목소리가 이상하면 어쩌나, 숨이 차면 어쩌나 하는 등의 여러 이유로 부담스러워했지요. 난독 아이들도 그렇지요. 하지만 치료 과정 가운데 낭독은 빼놓을 수 없습니다.

아이들이 소리 내어 읽기를 더 열심히 해주면 좋은데, 사실 아이들이 굉장히 힘들어하는 것이기도 합니다. 우리 아이들이 소리 내어 읽기를 꾸준히 한다면, 그 누구보다 훨씬 더 유창한 언어생활을 할 수 있습니다.

그런데 단순히 여러 책을, 글을 많이 읽어내는 것보다, 읽었던 것을 반복적으로 여러 번 읽는 것이 유창성 증대에 효과적입니다. 적어도 같은 글이나 책을 세 번 이상 반복해서 읽어야 유창성이 증가되며, 반복될수록 조금 더 유창하게 읽는 자신을 느끼게 됩니다.

여러 권보다는 한 권 읽기가 효과적입니다

실제로 많은 아이들이, 단어나 글을 두 번, 세 번 반복해서 읽을 때 더 빨리 읽고, 더 정확하게 읽습니다. 이것을 스스로 느끼게 되면 시키지 않아도 먼저 여러 번 읽겠다고 나서기도 합니다. 아이는 읽어내는 시간이 줄어드는 것에 희열을 느끼고, 한 번도 막힘없이 쭉쭉 읽어내는 것에 자신감이 매우 상승하기도 합니다.

초기 읽기 단계에서 읽기 유창성을 높이는 방법 중 하나는 구문이 반복적으로 나오는 그림책들을 보는 것입니다. 글의 양은 적고, 내용은 재미있으며, 기억해야 할 것이 순차적으로 나오는 구문이 반복되는 책이면 좋지요. 예를 들어, 존 버닝햄의 『검피 아저씨의 뱃놀이』 그림책에서 동물들이 아저씨에게 배에 태워 달라는 표현이 반복됩니다.

"나도 따라가도 돼요?", "나도 타고 싶은데", "나도 데려가실 래요?", "나도 따라가게 해 주세요"와 같이 조금씩 다르게 표현하여 내용의 큰 변화는 없지만 읽을 때 신경을 쓰게 만듭니다. 검피 아저씨의 대답 또한 "그러렴. 하지만 ~~~ 안 된다"라는 표현이 주를 이루어 비슷한 표현을 많이 읽어볼 수 있습니다.

무엇을 읽든 아이 스스로 읽기를 즐길 수 있도록 동기를 팍팍 느끼게 해주는 것이 관건입니다. 억지로 읽는 것이 아닌, 스스로 책을 꺼내어 읽을 수 있도록 환경 조성이 매우 중요합니다. 그리고 아이들에게 왜 소리 내어 읽는 것이 중요한지, 그 중요성을 설명해주는 것을 잊지 말아야 합니다.

유창성 훈련에서도 즐거움은 필수입니다. 읽을거리가 재미있어야 하고, 함께 읽어나가며 상대방이 읽는 것에도 주의를 기울이고 집중해야 합니다. 그러기 위해서는 아이 혼자만이 아닌, 서로 짝을 이루어 함께 읽어보는 활동을 합니다.

그림책의 종류에 따라, 등장인물별로 역할을 맡아 읽을 수도 있으며, 해설과 인물로 나누어서 읽을 수도 있습니다. 요즘에는 인터넷에서 손쉽게 영화 대본이나 드라마 대본을 다운 받을 수 있어, 아이 연령에 맞는 작품을 선택하여 함께 읽어보는 것도 좋을 것입니다.

구문이나 이야기가 반복되는 그림책 목록

	도서 이름	지은이	출판사
1	개구리의 낮잠	미야니시 타츠야	시공주니어
2	검피 아저씨의 뱃놀이	존 버닝햄	시공주니어
3	악어도 깜짝 치과 의사도 깜짝	고미 타로	비룡소
4	또또와 사과나무	나카에 요시오	세상모든책

5	나는 자라요	김희경, 염혜원	창비
6	일곱마리 눈 먼 생쥐	에드 영	시공주니어
7	누가 내 머리에 똥 쌌어?	베르너 홀츠바르트, 볼프 에를브루흐	사계절
8	요셉의 작고 낡은 오버코트가...?	심스 태백	베틀북
9	곰 사냥을 떠나자	마이클 로젠, 헬렌 옥스버리	시공주니어
10	언제까지나 너를 사랑해	로버트 먼치, 안토니 루이스, 김숙	북뱅크

대부분의 아이들은 같은 책을 두세 번 반복해서 읽는 것을 매우 싫어합니다. 이런 경우, 아이에게 읽기유창성의 반복 읽기가 분명하게 효과가 있음을 알려주어야 합니다. 그래서 TRR(timed repeatead reading chart)을 이용해야 합니다. 이것은 아이에게 유창성이 점차적으로 나아지고 있다는 것을 그래프나 표를 이용하여 시각적으로 제시를 하는 것을 말합니다.

주어진 글을 일정 시간 동안 읽어 바르게 읽은 단어의 수나 오류가 난 단어의 횟수를 표시하거나, 초시계를 이용하여 같은 분량의 글을 점차 빠른 속도로 읽어나가는 것을 그래프로 표시해주는 것이지요. 이러한 방법들을 어른들이 직접 피드백을 줄 때 더욱 효과적이라는 연구가 있습니다.[9]

Key Point! 한글 깨치는 아이

읽기 유창성을 위해 아이가 좋아하는 한 권을 정하고 반복해서 학습하도록 합니다. 반복하다 보면 정확하고 리듬감 있는 읽기가 가능해집니다.

글을 못 읽는 사람에 대한
오해와 편견

난독에 대해 사람들이 가진 대중적 이미지는 '글자를 읽지 못하는 것', '글씨가 지렁이처럼 보이거나 날아다니는 것 같이 보여 읽지 못함', '글씨를 거꾸로 읽거나 쓰는 사람' 등 다소 황당하지만 동의되는 편견들이 아닐까 합니다.

아주 오래전, 어느 드라마에서 남자 주인공이 난독증으로 많은 어려움을 겪다가 연상인 매니저와 사랑에 빠지고 마침내 스타 배우로 성장했다는 내용이 기억납니다. 드라마 속 남자는 글을 읽으려 하면 글자가 떠다니거나 반대로 보이는 등의 증상으로 읽지 못하는 모습으로 나왔던 것 같습니다. 그래서 그때 당시 '난독증'은 글자를 읽지 못하는 병이고, 글자가 좌우, 상하로 반전되어 보이거나, 글자들이 순서대로 보이지 않는 것이라고 생각하는 사람들이 많았습니다.

그 뒤로도 다른 미디어에서 난독을 표현할 때, 마치 글자들이 이상하게 보여 읽지 못하는 느낌으로 비춰지는 모습을 종종 볼 수 있었습니다. 그러한 장면들은 사람들에게 난독에 대한 오해나 편견을 자연스럽게 불러일으키는 것 같습니다.

난독에 대한 흔한 오해

근래 들어 전국 시도 교육청에서 기초 학습 진단, 느린 학습자와 경계선 지능 아이들, 난독증 등 읽기 쓰기에 곤란함을 겪는 아이들에 대한 관심이 많아졌습니다. 서울시를 비롯한 각 지자체에서는 학습도움센터를 설립하고, 기초 학습에 어려움을 겪는 아이들을 대상으로 지원과 교육적 혜택, 자체 자료 개발에 힘쓰고 있지요.

사회적으로 난독에 대한 변해가는 정책과 노력을 많이 봅니다. 그러나 난독에 대한 오해와 편견은 여전히 존재합니다. 다음과 같은 오해들에 대해서 한번 생각해볼 필요가 있습니다.

1. 난독은 글자를 전혀 읽지 못한다?

아닙니다. 지능이 정상이므로 친숙한 일견단어 위주로 읽기가 가능하고, 한글 특성상 음절체가 명확하여 음절체 또는 단어 그대로 통으로 외우면 읽는 경우가 많습니다. 하지만 읽을 때, 속도가 현저히 느리며, 조사나 어미, 단어 등을 생략하거나 대치, 도치, 첨가 등의 잦은 실수를 보일 수 있습니다.

2. 난독을 가진 사람은 지능이 낮다?

DSM-5를 비롯하여 여러 협회 및 연구자들은 난독을 정의할 때 반드시 '지능은 정상 범주'라는 것을 넣습니다. 결코 지능이 낮아서 글자 학습을 하지 못하는 것이 아닙니다. 일상생활과 기타 발달상에는 전혀 어려움이 없습니다. 난독증을 가진 사람들로 알려진 이들 중에는 유명한 과학자, 의사, 사업가, 배우, 운동선수 등 여러방면에서 재능을 가진 사람들이 많이 있습니다.

3. 난독이 있는 사람은 사물이 거꾸로 보이거나 글자가 뒤집어 보인다?

난독은 시각적인 문제로 인하여 글자를 인식하지 못하는 것이 아닙니다. 말소리의 민감성이 떨어지고 정확하게 인식하지 못하는 이유로 난독증을 가지게 된 것입니다. 종종 아이들이 글자를 뒤집어쓰는 경우를 보는데, 이는 자소와 음소 소리 대응이 아직 완성되지 않았을 때 나타나는 현상입니다. 글자를 처음 배우는 어린아이들에게서도 이러한 현상을 볼 수 있는데, 자소와 음소 대응이 원활하게 익숙해지면 사라집니다.

4. 7세에는 난독을 진단할 수 없다?

아닙니다. 음절에 대한 인식 능력은 만 4세 이후 형성되며, 아직 글자를 모른다 하더라도 말소리 인식 능력을 여러 방법으로 난독증 고위험군 여부를 진단할 수 있습니다. 난독 진단에 쓰이는 여러 공식 검사도구들은 대부분 규준집단은 초등학교 1학년이지만, 유치원생을 대상으로 하는 검사도구도 있습니다.

5. 난독은 시간이 지나면 자연스럽게 해소될 수 있다?

아닙니다. 난독증은 발달상에 일시적으로 나타나는 어려움이 아니며, 신경생물학적 손상으로 인한 어려움으로, 연령이 높아짐에 따라 자연스럽게 해소될 수 없습니다. 난독 현상을 보일 때에는 체계적이고 명시적인 중재를 통해야만 극복될 수 있습니다. 반복적 중재를 통해 글을 읽고 쓰는 문제에는 해소될 수 있지만, 신경생물학적 손상의 완전한 회복을 의미하는 것은 아닙니다. 일반적인 교육과 지원으로 해결될 수 있는 경

우는 환경적, 문화적(예. 다문화가정) 요인에 의한 읽기와 쓰기의
어려움입니다.

6. 읽기를 어려워하는 경우는 모두 난독이다?

난독으로 인하여 읽기를 어려워하는 경우도 있지만, 낮은 지
적능력으로 인하여 읽기를 어려워하는 경우도 있습니다. 언
어발달에서 취약했던 경우, 주의집중력에 어려움이 있는 경우
(ADHD 등), 문해 환경의 부재(방임 등), 문화적 소외(다문화 등), 낮
은 독서량 등 다양한 이유로 읽기와 쓰기의 어려움이 나타날 수
있습니다.

7. 난독증은 뇌의 불균형, 좌뇌와 우뇌 차이 때문이다?

난독증이 신경생물학적 손상, 즉 뇌와 관련된 장애임은 분명
하고, 읽기와 쓰기를 할 때 좌뇌가 많이 관여한다는 사실이 밝
혀졌습니다. 그러나 좌뇌와 우뇌의 불균형, 크기의 차이로 인하
여 난독이 발생한다는 주장은 근거가 없습니다. 때문에 시지각
훈련, 청지각 훈련, 감각 훈련, 운동 훈련 등 다른 방법으로 난
독을 해소해야 할 필요가 없습니다.

Key Point! 한글 깨치는 아이

난독증에 대한 부정적인 시각과 오해로 아이 때 제대로 치료받지 못해서 학습 장애와 성격에 문제가 생기는 경우가 있습니다. 어릴 때 빠르게 진단하고, 바르게 알아서 대응해야 할 중요한 문제입니다.

읽기 유창성이 낮을 때, 생기는 문제들

읽기 유창성이 낮은 경우, 여러 문제들을 불러일으킬 수 있습니다. 크게 살펴보면 학습적, 심리적, 대인관계 등에서 어려움을 보입니다. 글을 읽고 파악하고 쓰는 능력이 뒷받침이 되지 않기 때문에 당연히 학습에서 성공적이지 않을 수 있습니다. 난독 진단까지 받고 나서, 체계적인 치료를 받았을 때에는 충분히 극복이 가능하지만, 진단을 정확하게 받지 못한 채 성장하거나 골든타임을 놓쳐 중재 효과를 크게 보지 못한 경우 학업 성적에서 매우 불리합니다.

난독을 가진 아이들은 학업을 위하여 다른 아이들보다 두세 배 더 많은 노력을 기울여야 하며, 자신만의 효율적인 학습 방법을 찾기에 부단히 애를 써야 하는 것이지요.

가장 크게 고통을 받는 아이들 중에서는 진단을 제대로 받지 못한 채 강압적인 교육 방식에 노출되어, 실패와 좌절에 대한 두려움이 매우 큰 심리적인 문제도 겪을 수 있습니다. 글을 못 읽는 아이들은 심한 우울감이나, 낮은 자존감, 두려움, 열등감, 강박 등을 느끼기 쉽습니다. 이로 인한 분노와 무력감으로 심리적으로 큰 어려움을 겪기도 합니다.

성인의 경우도 마찬가지입니다. 국내에서 난독을 가진 성인들을 대상으로 한 연구는 많지 않은 상황이며, 이들에 대한 진단이나 지원 등에 대해 충분한 논의가 이루어지지 않고 있습니다. 자신의 문제 상황을 잘 알지만, 그것을 들어내거나 극복하기 위해 더 적극적인 행동을 취하기란 아직까지 쉽지 않습니다.

학습에 많은 영향을 줍니다

제가 대학원에서 난독을 전공하던 때, 영어 강사를 하는 친구로부터 전화가 왔습니다. 친구는 자신이 가르치는 학생이 난독처럼 보인다는 것이었습니다. 그러면서 도대체 난독이 정확히 어떤 것이냐고 물었지요.

일단 그 학생은 같은 단어도 다른 문장에서 보면 똑같은 단어로 인식하지 못했습니다. 같은 내용 또는 아주 유사한 내용을 여러 번 반복해도 마치 새롭게 배우듯이 응용하지 못했지요. 특히 b와 d처럼 알파벳이 비슷하거나 소리가 비슷한 철자를 매우 혼동했습니다.

그러다 보니 제 친구는 다른 학생들을 가르칠 때와 전혀 다른 양상을 보여서 가르치기 힘들다고 했습니다. 매번 작문 숙제나 암기 숙제 등은 해오지 않고 이런저런 핑계를 대기 일쑤였으며, 뻔히 보이는 거짓말을 한다거나, 사소한 약속도 자주 잊어버리기도 했지요. 학습 지도뿐만 아니라 일상생활적인 면에서도 어려움이 많다는 것이었지요.

그 학생의 학교 시험 성적은 중간 이상이 나와서, 인지적 어려움은 크게 없어 보였지만, 언어 학습에서 잦은 실수를 보이고, 철자 쓰기를 매우 어려워하는 모습을 보여서 난독은 아닐지 의심된다는 것이었습니다.

정확한 진단을 내릴 수는 없었지만, 친구의 이야기를 들으니 그 학생은 제대로 된 언어 체계를 인지하지 못하는 듯 보였고, 그로 인한 심리적 문제 양상들도 상당한 것 같았습니다. 아마 그 학생은 한글에서도 난독이 있을 수 있으며, 읽기 쓰기를 배우는 데 시간이 많이 걸렸을 것 같습니다. 소리를 효율적으로 글자에 대응하지 못하면서, 대부분의 음절을 외워 학습하고, 비슷한 단어들을 상당히 추측해서 읽는 등 오류를 보일 가능성이 높습니다. 단편적인 특징만 듣고 단정하기에는 매우 조심스럽지만, 분명한 것은 학습에 어려움을 보여, 정확한 평가가 필요한 상황이라는 것입니다. 그런데 그 학생의 어머니는 자녀에게 아무런 문제가 없으며 단순히 공부를 썩 잘하는 편은 아니라고만 믿었습니다. 문제를 직면하지 않고 부정하거나 회피하는 행동은 우리의 발목을 잡을 뿐입니다.

글을 못 읽는 것이 단순한 문제가 아닌 이유

사람들은 자신의 약점이나 결핍을 들어내기를 두려워합니다. 일부러 그러한 부분을 감추려는 행동을 하게 됩니다. 그렇게 결핍은 불안을 만들어내며, 불안은 다양한 방어기제를 만들어냅니다.

방어기제란, 두렵거나 불쾌한 정황, 욕구 불만 등을 직면했을 때 스스로를 방어하기 위해 자동적으로 통제하거나 회피하려는 것을 말합니다. 자신을 억압하거나, 투사, 고립, 부인, 합리화 등의 다양한 방어기제들이 일어납니다.

난독을 겪고 있으면서, 적극적인 대처를 못한 채 성장기를 지나게 되면 이러한 심리적 불안 요소들이 자신을 끊임 없이 괴롭힐 수 있습니다. 난독을 들어내기보다 숨기고 싶어 하는 이유도 여기에 있습니다.

난독 때문에 자신의 읽기와 쓰기에 생긴 결함은 다른 사람들의 이목을 끌 수 있고, 그러한 점들로 인하여 심리적 위축과 부정적 자아개념, 자존감의 상실을 불러 일으킵니다. 대인관계에서도 주눅이 들고, 학업에서 오는 많은 스트레스와 우울, 불안감으로 인해 매우 힘들어 하기도 합니다.

난독으로 인한 어려움은 자연스럽게 심리적 어려움을 불러일으킵니다. 이와 관련해서 「난독증을 자각하는 대학생의 학업 및 심리정서적 특징」 연구[10]를 살펴보면 난독을 경험하는 성인들의 실제적 어려움이 고스란히 담겨 있습니다. 실제로도 많은 아이들이 어려움이 크거나 하기 싫어하는 것이 있을 때, 회피 행동을 많이 보이며, 그 순간을 모면하려는 행동을 많이 하기도 합니다.

난독을 가진 아이들은 자신이 잘할 수 없을 것이라고 불안해하거나, 실패를 거듭하며 자존감이 낮아질 수 있습니다. 그렇게 스스로 해낼 수 있다는 자아효능감이 떨어지기도 합니다. 자신감도 자연스럽게 하락하며, 학업에서뿐만 아니라 인간관계를 맺는 일에도 힘들어 합니다. 가족과 또래와의 건강한 관계 형성에 어려움을 겪거나, 오해와 갈등이 높을 수 있습니다.

난독이란 단순한 글자 읽기가 아니라 전반적인 생활과도 연결된 중요한 문제입니다. 적극적으로 해결하지 않으면, 청소년기, 성인기가 되어서도 어려움이 계속 될 수밖에 없습니다.

Key Point! 한글 깨치는 아이

난독은 글자를 읽지 못하기 때문에 학습에도 지대한 영향을 미치지만, 아이의 성격에도 영향을 미칩니다. 자존감, 인간관계의 저하를 가져오기도 합니다. 단순히 글자를 못 읽는 것이 문제가 아니니, 난독을 발견할 때는 전문가에게 문의하세요.

잘 읽게 만드는
방법은 있습니다

아이가 글을 못 읽는 난독이라서 걱정하는 부모님에게 이 세 가지만 강조하고 싶습니다.

1. 난독은 시간이 자연적으로 해결해주지 않습니다.
2. 불안을 미끼로 하는 상술에 속지 마시고, 난독 치료가 된다는 기계들을 살 필요가 없습니다.
3. 체계적인 전문 교육을 받은 선생님을 만나십시오.

난독은 골든타임이 분명하게 존재합니다. 시간이 지난다고,

연령이 높아진다고, 책만 많이 읽는다고 자연적으로 해결되지 않습니다. "괜히 부모 마음 조급하게 만들어서 돈 쓰게 만들려고 하는 거 아니야?"라고 생각할 수 있습니다. 아닙니다.

아이가 발달 단계에 따라 하나씩 발달하는 것처럼 한글 학습에도 적정한 시기가 분명하게 존재합니다. 결정적인 시기에 질 높은 자극을 주는 것은 당연한 이야기입니다. 질 높은 자극은 '명시적이고 체계화된 직접적인 중재'입니다. 어떤 기계들을 이용하여 듣기를 자극하고, 시각을 자극한다고 해서 읽기 쓰기가 좋아지는 것이 아닙니다. 한글로 읽기 쓰기를 잘하기 위해서 무엇이 핵심인지 잘 알아야 합니다.

적극적인 개입이 필요합니다

골든타임에 중재를 적극적으로 개입해주는 것은 누가 뭐라해도 효과가 매우 뛰어납니다. 여러 수많은 연구에서 밝혀진 사실입니다. 그렇다고 해서 값비싼 어떤 장치와 기계를 들일 필요가 전혀 없습니다. 음악을 듣는다고 난독이 좋아지지 않습니다. 안구 운동을 한다고 난독이 좋아지지 않습니다.

우리 아이의 뇌는 불균형한 상태가 아닙니다. 어릴 때 동영상을 많이 보여줘서, 책을 안 읽어줘서 발생한 것이 아닙니다. 값비싼 전집 시리즈를 들일 필요도 없습니다. 그저, 체계적인 전문 교육을 받은 선생님을 만나는 것, 그 하나면 이미 충분합니다. 그 선생님이 학교 선생님일 수도 있고, 사설센터의 선생님일 수도 있습니다. 그렇다면 체계적인 전문교육을 받았다고 생각될 수 있는 사람들은 누구일까요?

- 난독교육학 전공자
- 언어병리, 언어치료 전공자
- 특수교육(학습장애) 전공자

저는 난독교육학과 2기 졸업생입니다. 대학원에서 난독교육학을 전공하기 전에는 학부에서 언어치료학을 전공 후 오랫동안 청각장애 아이들을 만나왔지요. 언어치료학을 전공 후 좀 더 전문적인 역량을 갖고자, 난독교육학 전공을 택하였습니다. 그동안 산발적으로 분산되었던 읽기 쓰기 중재에 대한 지식이 응집하는 시간이었습니다.

그런데 공부하면 할수록, 많은 아이들을 만나면 만날수록 이 일은 전문성이 제일 중요하다는 것을 매번 느끼게 됩니다. 체계없이 아이에게 쉬워 보이는 것 위주로 회기를 구성하고 학습하게 되면, 진전이 빠르지 않으며, 효과를 크게 보기 어렵습니다.

여러 가지를 한꺼번에 알려주고 싶어서 이것저것도 하고, 주기법(여러 목표를 주기별로 바꾸어 실시하여 점차 변화되게 하는 접근 방법)접근으로 진행하는 것은 적절하지 않습니다. 명확하게 목표를 설정해야 하며, 어떤 순서로 지도할지 명확하게 알고 있어야 전문가라고 말할 수 있을 것입니다. 특수교육 전공자라도, 언어치료 전공자라도, 더 적극적인 관심을 기울여 공부하지 않으면 난독의 체계성과 명시적 중요성을 알기 어렵습니다.

지자체의 도움을 받으세요

기초 학력에 대한 관심이 높아짐에 따라, 각 지자체에서도 난독 교육 바우처를 실시하거나, 한글 교육과 관련된 많은 자료들을 개발하였습니다. 또한 국공립 유치원에서는 한글 교육이 정규 과정 안에서 이루어지지 않고 있기 때문에 초등학교에서는 한글 책임 교육이 강조됩니다. 그래서 학교에서 한글을 책임지고 가르치겠다는 선언하는 선생님과 학교들도 있습니다. 학생들의 한글 교육을 위하여 각 시도 교육청이나 학습도움센터 등에서 다양한 자료들을 개발하였습니다.

대표적으로 서울시교육청에서 개발한 '찬찬한글', 경기도교육청에서 개발한 '한·움·쿰(한글로 움트는 배움과 성장)', 광주광역시교육청에서 개발한 '똑똑글자놀이', 부산광역시교육청에서 개발한 '또랑또랑 읽기/또박또박 쓰기' 등이 있습니다. 특히 난독 학생들을 위해 개발된 자료들도 있는데, 대표적으로 서울학습도움센터에서 개발한 '난독 학생 지원 가이드북'과, 한국언어재활사협회에서 개발한 'SLP를 위한 난독증 가이드북'이 있습니다. 또한 기초 학력 증진을 위한 홈페이지(국가기초학력지원센터)도 있으며, 유익한 교육 자료 및 정보를 볼 수 있는 사이트도 여럿 있습니다.

누구나 한글을 가르칠 수 있습니다. 그러나 난독 아이들을 위한 체계적이고 전문적인 지도는 아무나 할 수 없습니다. 적어도 난독을 이해하고, 한글 원리와 발음 방법과 원리에 대해 충분한 이해가 있는, 체계적이고 명시적인 교육의 중요성을 인지한 사람이 지도해야 합니다.

난독에 대해, 발음 원리에 대해 알며, 진전 상황을 모니터링하고 측정할 능력 있는 전문가는 반드시 필요합니다. 부모님의 고민 해결 방안을 자세히 안내하며 불안한 마음을 달래줄 전문가를 찾아보시기 바랍니다.

Key Point! 한글 깨치는 아이

① 난독증, 전문가, 학습 자료에 대한 정보를 제공하는 사이트

 - 한국언어재활사협회 https://www.kslp.org/
 - 한국학습장애학회 http://www.korealda.or.kr/
 - 한국난독증협회 http://www.kdyslexia.org/
 - 서울학습도움센터 https://s-iam.sen.go.kr/user/index.do
 - 국가기초학력지원센터 https://k-basics.org/user/
 - 미국리딩로켓 https://www.readingrockets.org/

② 교육청에서 개발한 한글 학습 자료

③ 국민대학교 일반대학원 난독교육학과 교수, 졸업, 수료생이 운영 및 재직하는
기관(2025년 2월 기준).

 - 국민대학교 ERID 읽기쓰기 클리니컬센터(서울시 성북구)

- 넘나들언어인지학습연구소(경기도 양주시)
- 다온언어학습연구소(경기도 성남시)
- 도담언어학습연구소(서울시 광진구)
- 리본언어학습연구소(인청광역시 서구)
- 새별아동청소년상담센터(서울시 성북구)
- 성남시장애인복지관(경기도 성남시)
- 에디슨아동발달클리닉(경기도 성남시)
- 원아동청소년발달센터(충청남도 당진시)
- 윤선영언어심리발달센터(경기도 의정부시)
- 이루다학교(경기도 고양시)
- 이재연언어치료전문센터(서울시 도봉구)
- 청라라파언어심리센터(인천광역시 서구)
- 한글로언어학습연구소(서울시 송파구)
- 해누리아동청소년발달센터(경기도 구리시)

지능이 읽기이해력을
키우는 것은 아닙니다

난독 현상을 보이는 아이를 정확하게 평가하는 것은 치료의 방향과 목표에 매우 중요한 작업입니다. 때문에 더 정확한 평가를 위하여 난독 평가 시에 비언어성 지능검사를 함께 실시합니다. 이는 난독 현상을 보이는 대상자들은 언어적 결함으로 인하여 난독 현상이 나타난 것이기 때문입니다. 따라서 언어적 과제가 많이 포함된 지능검사보다 비언어성 지능검사를 실시하는 것이 대상자가 가진 상위(High-order) 인지 능력을 더욱 객관적으로 측정할 수 있습니다.

비언어성 지능검사 중 대표적으로 실시하는 것은 '한국 비언어 지능검사 제2판(K-CTONI-2; Korean Comprehensive Test of Nonverbal Intelligence–Second Edition)'입니다. 이 검사는 만 5세~60세 미만의 연령 집단에게 실시할 수 있으며, 모국어가 다른 이민자, 청각 장애, 구두 검사가 불가능한 사람들 모두에게 사용할 수 있습니다.

검사의 구성은 그림 유추, 도형 유추, 그림 범주, 도형 범주, 그림 순서, 도형 순서 총 여섯 가지 소검사로 이루어져 있으며, 종합 척도는 그림 척도, 도형 척도, 전체 척도 세 가지로 나누어 살펴볼 수 있습니다.

다문화권에 있는 사람들이 웩슬러 지능검사를 실시했을 때 '경계선급 지적 기능'에 해당하는 점수를 받을 수 있습니다. 그

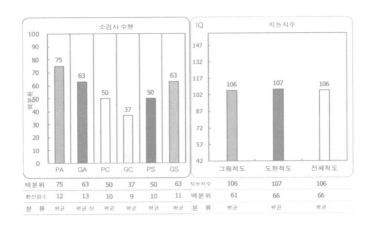

들은 모국어가 한국어가 아닌 탓에 언어적 과제가 많은 지능검사에서는 정확한 검사 결과를 얻기란 쉽지 않기 때문입니다. 이런 경우 비언어성 지능검사를 통하여, 수행 정도를 살피고 비언어성 지능검사에서 평균 이상의 점수가 확인되면 읽기, 쓰기, 셈하기 등의 학습에는 큰 어려움이 없을 것으로 생각할 수 있습니다.

비언어성 지능을 살피세요

난독 현상을 보이는 사람들도 마찬가지입니다. 비언어성 지능에서 평균 이상의 지능지수가 확인된 경우, 체계적이고 명시적인 수업을 꾸준히 지원하면 읽기와 쓰기가 가능합니다. 동시에, 읽기 쓰기 교육을 받아들이는 속도 또한 예측할 수 있는 예후의 지표로 생각할 수 있습니다.

비언어성 지능검사에서 평균 이상의 점수를 획득했다는 것은, 상위 인지 능력이 충분하는 것이기 때문입니다. 웩슬러 검사상 지능 지체로 나온 경우 비언어성 지능검사에서 90점을 받는 것은 거의 불가능하기 때문에, 웩슬러 검사 하나만을 가지고 지능 지체와 경계선급 지능으로 여기지 말아야 합니다.

치료실을 찾았던 시우는 초등학교 1학년 남자아이로, 웩슬러 검사에서 지능지수가 75로 나타났습니다. 하지만, 시우의 비언어성지능을 검사한 결과, 그림 척도 107, 도형 척도 105, 전체 척도 106에 해당하였고, 백분위 또한 66퍼센트로 해당하였습니다. 시우를 경계선급 지적 기능으로 볼 수 있을까요? 난독 현상을 보이는 아이들 중에는 이러한 경우가 상당합니다. 이것이 우리가 반드시 비언어성 지능을 확인하는 이유입니다.

Key Point! 한글 깨치는 아이

지능은 읽기와 큰 상관이 없습니다. 난독 아이들은 대부분은 지능이 평균이거나 그 이상입니다. 단순히 지능이 높다고 유창성과 읽기이해력이 좋은 것은 아닙니다. 언어성 지능 지수가 낮다면, 비언어성 지능을 반드시 확인하여 학습의 예후를 살펴보아야 합니다.

쓰기를 두려워하는 아이

> **❝** 한글 읽기는 어려워하지 않는데,
> 쓰기를 매우 두려워해요. 어떻게 도와주어야 할까요?
> 그리고 한글을 일찍 깨우치면 상상력과
> 관찰력 발달에 좋지 않다는데 맞나요? **❞**

한글을 배운 지 얼마 되지 않았다면, 당연히 쓰기를 매우 힘들어합니다. 소근육의 발달이 완전하지 않아 쓰는 행동에 힘이 많이 들어서 힘들어합니다. 글자를 맞춤법에 맞게 쓰기를 어려워 매우 힘들어하기도 하지요. 후자의 이유는 쓰기란 것이 소리 나는 대로만 쓰지 않기 때문이지요.

우리 말소리에는 소리가 변하는 음운변동 법칙이 적용되는 단어들이 많기에, 어린아이들이 뜻에 맞추어 잘 쓰기란 매우 어려운 법이지요. 걸음마를 익혔다고 바로 뛰어다닐 수 없듯이, 한글을 읽는다고 바로 잘 쓸 수 있는 것은 아니라는 사실을 잊지 마세요. 조금 틀리게 썼더라도 격려와 칭찬을 아끼지 마시고, 뜻에 맞게 쓰는 법을 차분히 잘 알려주세요.

아이의 상상력과 관찰력을 위해서, 일부러 늦게 깨우치게 한다면 다른 아이들보다 더 풍부한 상상력과 관찰력이 발달될까요? 아이의 수준을 잘 고려해야 합니다. 아이는 이미 한글에 대해 관심이 높고, 읽고 싶어 한다면 안 가르칠 이유가 전혀 없겠지요. 반대로, 준비도 되지 않은 너무 어린 연령의 아이에게 한글을 강요한다면 그것도 문제일 것입니다. 한글을 일찍 깨우친다고 나쁜 영향은 전혀 없으니 걱정하지 마세요.

다중지능에 관해 기억하시지요? 아이들마다 저마다 발달하는 지능은 각각입니다. 어떤 친구들은 타고난 공상가이며, 어떤 아이들은 사실 기반의 생각을 더 좋아하기도 한답니다. 아이들의 상상력은 글자 습득 유무에 따라 달라지지 않습니다.

· 5단계 ·

소리 내어 읽으면,
'읽기이해력'이 생깁니다

읽기이해력을
키우는 습관

난독교육학을 전공한 선생님들은 난독 아이들의 교육과정에서 '읽기이해' 수업을 매우 중요하게 여기며, 반드시 함께 고려되어야 한다고 생각합니다. 하지만, 실제 임상 현장에서 가장 간과하게 되는 부분이 읽기이해가 아닐까 싶습니다.

부모님들 중에는 읽기이해에 크게 중점을 두지 않고, 글을 읽고 썼다면 학습지, 학습을 위한 학습에 열중하기도 합니다. 앞서, 글을 유창하게 읽지만 이해하지 못하는 경우의 아이들이 그러합니다.

'생각하는 힘'의 중요성에 대해 아시지요? 우리 아이들이 읽기이해가 잘 되려면, 이 힘을 길러주어야 합니다. 생각하는 힘이 어디서부터 나오는지, 생각해보셨나요? 우리 아이에게 생각하는 힘을 길러주려면, 독서논술학원을 다니면 될까요?

아이들은 태어나면서부터 호기심 대장입니다. 얼마나 자극을 해주고 반응하는지에 따라 호기심이 발달하는지 아닌지가 결정되지요. 아이가 아주 어릴 때부터, 질문에 질문을 더 하는 꼬리물기 기술이 발달하면 좋겠나요? 그러면 책으로 호기심을 더해주세요. 다양한 책으로 아이들의 생각, 어떤 주제를 좋아하는지 파악해보세요. 아이들이 책을 가까이 했느냐, 멀리 했느냐에 따라 아이의 읽기이해 능력은 천차만별입니다.

그렇다면 여기서 말하는 읽기이해는 정확하게 무엇을 말할까요? 읽기이해(Reading comprehension)란, 단순히 글을 해독하는 것뿐만 아니라 읽으며 이해까지 하는 것을 말합니다. 이러한 것을 읽기 단순 모델을 통해 설명할 수 있습니다.

| 해독 | $\times$ | 언어이해 | $=$ | 읽기이해 |
| Decoding | | Comprehension | | Reading Comprehension |

읽기 단순 모델(simple view of reading)

읽기이해가 되기 위해서는 '해독'과 '언어이해'가 함께 뒷받침해주어야 합니다. 우리가 곱셈에서 두 숫자 중 어느 하나라도 '0'이라면 결과값은 '0'임을 잘 알고 있습니다. 해독을 잘하지만 언어이해가 약하거나, 해독은 어려워하지만 언어이해는 좋은 편이라면 아이는 글을 읽으며 효율적으로 이해할 수 없습니다. 글을 읽어 나가는 것도 버겁고 바빠서 그 안에 담긴 의미까지 이해할 여력이 없는 것입니다. 읽기이해가 수월하게 되려면 연령에 맞는 언어이해력을 가지고 있으면서, 글에 사용된 글자들을 최소 96퍼센트 이상 정확하게 읽을 줄 알아야 합니다.

우리 아이들의 읽기이해를 돕기 위하여 현장에서는 아동 도서, 특히 그림책을 대표적으로 이용합니다. 그림책을 통해 아이가 가진 생각을 표현할 수 있으며, 글이 전달해주는 주제, 인물에 대한 이해, 이야기 구조와 흐름을 파악할 수 있습니다. 그림책은 연령을 불문하고 매우 익숙하며, 그림책의 이야기는 언어적, 사회적 상황을 잘 반영하고 있어 읽기이해를 도울 수 있습니다. 또한 그림책을 통해 구어와 문어 두 가지 모두를 익숙하게 만들 수 있습니다.

소리 내어 반복해서 읽는 습관

전문가를 위한 읽기이해 활동을 소개하는 책은 루스 헬런 욥(Ruth Helen Yopp), 할리 케이 욥(Hallie Kay Yopp)의『학습 부진 및 난독증 학생을 위한 읽기이해 교수방법』입니다. 이 책은 원래 모든 학생들의 읽기이해 교육을 위해 쓰였지만, 학습 부진과 학습장애, 난독 학생을 위한 읽기 교육 프로그램으로도 활용할 수 있습니다.

이 책에는 여러 읽기 전략들을 읽기 전, 읽기 중, 읽기 후 활동으로 나누어서 읽기이해 프로그램을 설명합니다. 조금 더 대중적으로 쉽게 이해할 수 있는 책은 국민대학교 난독증읽기발달연구센터의『읽기쓰기 날개달기』입니다. 이 책은 학습부진, 학습장애, 난독증에 대해 기술하고, 읽기 교수법과 쓰기 교수법이 나와 있는데 난독 아이의 부모님이 읽기 좋은 책입니다.

다음은 읽기 활동들의 종류입니다. 몇몇 대표적 활동은 부록을 통해 활동지와 함께 소개하겠습니다.

읽기 전 활동	읽기 중 활동	읽기 후 활동
책조각	그래픽 조직자	인물의 성격차트
예상가이드	이야기지도	줄거리 프로파일

앙케이트	인물 관계도	반대말 성격 질문지
호기심 상자	인물 설명 그물	인상적인 구문
인물의 대사	인물 전시회	인물 성적표
K-W-L(konw, want to know, learn)	감정차트	벤다이어그램
대조표	대조표	인터넷 검색
미리 보고 예측하고 확인하기	열 개의 중요단어	도서차트
마인드맵	전략카드 등	
사진전 관람 등		

글을 깊이 이해하는 능력

읽기 전 활동에서는 책의 주제와 관련된 지식이나 의견을 떠올릴 수 있으며, 책의 내용을 상상하거나, 책에 대한 호기심을 자극하고, 관련 경험을 떠올려보게 하거나, 자신과 연결 짓는 등의 다양한 인지적 사고를 돕습니다.

읽기 중 활동에서는 글에 집중할 수 있게 해주며, 글의 깊이를 이해하고, 자신의 경험에 비춘 해석과 감상, 반응을 하게 해주며, 등장인물, 사건, 주제를 기억하고 관련된 정보들을 수집할 수 있습니다. 또한 작가가 사용하는 언어에 대한 주의를 기울이며, 글의 구조를 파악하고 이해할 수 있게 합니다.

읽기 후 활동에서는 글의 내용과 관련된 자신의 경험을 연결 짓거나, 중요한 내용을 회상하고, 책 속 정보를 분석하거나 통합하며, 책의 주제에 대해 탐구하고, 글을 통해 이해한 것을 다른 사람과 공유하기도 합니다. 우리가 흔히 알고 있는 마인드맵은 읽기이해 활동의 하나의 방법이지요.

마인드맵은 글의 내용이나 어휘를 도식화해주는 효과적인 방법입니다. 읽기이해 활동에서 쓰이는 전략과 방법은 매우 다양하며, 아이의 수준과 그림책의 종류에 따라 선택할 수 있습니다.

요즘 수많은 학교에서 그림책을 활용한 놀이 활동, 창작 활동, 문해력 수업, 생태전환교육, 인성교육 등이 진행되고 있습니다. 다수를 위한 활동에서는 그림책은 보편적으로 좋아할 만한 주제와 흥미가 높은 책을 선택하지만, 개별을 위한 그림책 선택에서는 그 아이가 관심 있어 하는 주제를 가장 첫 번째로 고려합니다.

만약, 축구 등 스포츠를 매우 좋아하는 아이라면, 손흥민 등 축구 선수에 관한 이야기책을, 공주를 좋아하거나 남녀의 사랑

이야기를 좋아하는 아이라면, 공주, 사랑 이야기가 담긴 그림책을 선정하는 것이 바람직하겠지요. 일단, 재미가 있어야 집중할 테니까요.

일단 아이가 책 읽기에 흥미와 동기유발, 읽는 그 자체를 즐기게 하기 위해서는 아이가 좋아하는 장르를 꾸준히 접하게 해주는 것이 좋습니다. 어떻게 하면 우리 아이가 좋아하는 책을 찾아주고 함께 즐길지, 그것에 대한 고민과 행동이 필요합니다.

Key Point! 한글 깨치는 아이

글의 주제, 인물, 구조와 흐름을 파악하는 읽기 단계까지 가야 스스로 읽는 능력을 키웠다고 할 수 있습니다. 한글을 깨치고 한글을 깊이 이해하는 수준으로 아이의 능력을 한껏 끌어올려 주세요.

읽기이해력은
연령별로 이렇게 키웁니다

저는 결혼 전과 아이가 없던 시절에, '육아'라는 것을 조카들이 커가는 모습으로 간접 경험했습니다. 또 일하던 치료 센터에서 아이들을 위해 치열하게 노력하는 여러 엄마들을 보며, 엄마는 아무나 할 수 있는 것이 아니라는 생각이 들었습니다.

어느 날, 언어치료사로 일한 지 10년이 된 것을 기념해 친구와 함께 유럽 여행을 떠났습니다. 런던 템스 강 공원에서 마음껏 웃고 떠드는 아이들을 바라보며 '내가 살며 느끼는 크고 작은 행복들을 나를 닮은 아이도 느껴보면 좋지 않을까?'라는 생각이 들었습니다. 여행을 마치고 돌아온 후 아이를 낳기로 결심

했고, 그렇게 소중하고 귀중한 아이가 찾아왔습니다.

그전부터 육아가 힘들다고 익히 알았지만, 정말 난이도 최상의 힘든 일었습니다. 아이는 무럭무럭 자라나 50일의 기적을 맞이했고, 옹알이도 시작하며 정말 사람다워지는 모습을 보며, '아 내가 헛일을 하고 있는 것은 절대 아니구나'라고 생각했습니다. 그렇게 100일이 지나고 배밀이, 기어다니기를 하며 아이는 건강하게 잘 자랐습니다. 아이는 생존을 위해 끊임없이 투쟁하고 포기하지 않은 끝에, 드디어 걷고 말을 할 수 있는 아이가 되었습니다.

0~3세 시기, 놓치지 않았던 것

세상에 태어난 영아들의 인생 최대 과업은 바로 '생존'입니다. 생후 1년까지는 세상에 적응하며 앞으로 잘 살아나갈 수 있도록 먹고, 싸고, 자며 살아가기 바쁘지요. 이 시기의 엄마, 아빠도 함께 살아남기 위해 몸부림 칩니다. 아기 키우기가 왜 이렇게 어렵고 힘들고 벅찬지, 밤낮이 바뀌고 점점 지치기도 하고, 그러다 아기가 한번 방긋 웃고 까르르 웃는 날에는 모든 것이 녹아내리는 그런 경험들을 하며 하루하루 살아가기 바쁘지요.

제가 두 눈이 퀭 해가며 육아를 하는 와중에도, 열심히 해준 두 가지가 있습니다. 바로, 아이에게 '책을 읽어주는 것'과 '대화'입니다. 이미 직업적으로, 아이에게만큼은 좋은 자극, 안정된 정서를 형성해주어야 함을 너무나도 잘 알고 있었기에 가능한 일이 아니었나 싶습니다. 그렇게 저는 아이가 누워 있던 신생아 시절부터 '초점 북'을 시작으로 연령에 적절한 여러 책들을 읽어주고 또 읽어주었습니다.

그렇게 아이에게 충분한 양적, 질적 언어자극을 주었지요. 그 덕분인지 아이는 23개월경 좋아하는 그림책을 외워 다시 말할 수 있었고, 만 3세 이후에는 유창하게 읽는 척을 했습니다. 이후 만 4세부터는 혼자 한글을 읽기 시작하였으며, 만 5세부터는 긴 이야기책을 유창하게 읽고 내용을 이해하였으며, 여행을 가서도 책을 꼭 읽고 자야 하는 책을 너무나 사랑하는 아이가 되었습니다.

아이에게 한글을 따로 가르치려 하지 않아도, 아이가 일찍부터 스스로 한글에 관심을 갖고, 그것을 받아들이는 속도 또한 놀라울 정도로 빨랐습니다. 마치 스펀지가 물을 빨아들이듯 자연스럽게 흡수했습니다.

아이는 또래 아이들보다 말문이 빨리 트였고, 한글을 빨리 깨우쳤습니다. 우리 아이가 언어 천재라서 그런 것일까요? 결단

코 아닙니다. 이 세상에는 정말 타고난 영재, 천재 아이들이 많습니다. 다만, 아이에게 좋은 자극과 안정된 정서를 꾸준히 심어줬다고는 자신 있게 말할 수는 있습니다. 그것이 모두 책으로 이뤄냈습니다. 대신 책을 읽을 때 단순히 '읽는 행위'보다는 아이와 상호작용하는 '대화식 책 읽기'를 즐겨했습니다. 도란도란 대화가 주를 이뤘다고 해도 과언이 아닙니다.

아이의 연령이 너무 어려도 전혀 상관없습니다. 오히려 책을 매개로 아이와 상호작용하기 더욱 좋습니다. 사랑하는 엄마나 아빠와 함께 공통된 무엇인가에 함께 집중하는 일은 아이의 언어 발달에 좋은 자극이 됩니다. 그 시간에 재미난 이야기와 흥미 거리들이 넘쳐난다고 생각한다면, 아이들은 누가 시키지 않아도 책을 더 가까이 할 것입니다. 0~3세 아이들이 충분한 언어자극과 안정된 정서지원을 할 수 있도록 힘을 많이 써주시길 바랍니다.

4~5세 시기, 단어 학습

앞서 살펴봤던 에리의 단어 읽기 발달 단계를 기억하실 것입니다. 이 단계에서는 'Sight Words'가 중요합니다. 이 말은 '즉각 인지 단어', '일견단어(一見單語)'라고 부릅니다. 말 그대로 한 번만 보고도 아는 단어라고 풀이할 수 있겠지요. 흘깃 보는 것으로도 그 단어를 읽어내고, 어떤 단어인지 의미를 파악할 수 있는 능력이라고 말할 수 있습니다.

그렇다면, 이 일견단어는 어떤 것이 있을까요? 우리와 매우 친숙한 단어들을 말합니다. 이를테면, '아빠', '엄마', '할머니' 등과 같이 가족들의 호칭입니다. 자신의 이름이나 '사과', '바나나'처럼 음식 이름처럼 쉽고 친숙한 어휘가 일견단어가 될 가능성이 높습니다. 또한, '오이', '우유', '아기'처럼 받침이 없는 단어도 일견단어로 볼 수 있지요. 아이의 언어 구조 속에 일견단어가 많아지려면, 아이 스스로 알고 있는 어휘가 다양하고 많아야 합니다. 영유아 시기부터 인쇄된 활자에 관심을 잘 가질 수 있도록 했고, 이제 아이가 하나씩 알아차리게 나아가야 합니다.

이 시기에 냉장고나 방 문에 한글 통글자 그림들을 많이 붙여 놓으면 좋습니다. 어린 영유아 시기부터 여러 그림들을 아이의 시선이 닿는 곳곳에 붙여 놓아도 좋습니다. 아는 단어가 많아지면서 아이는 어휘를 듣고 찾을 수 있으며, 자신이 스스로 가리키며 단어의 이름을 말할 수 있습니다. 때로는 마치 글자를 읽는 듯 그림이 아닌 글자를 가리키며 읽는 척, 아는 척을 하게 됩니다.

이것이 전통 방식의 한글 교육, '통글자 접근법'이었습니다. 아이들은 몇몇 단어들을 통글자로 읽다가 점차 '사과'에 '사'와 '사탕'에 '사'와 같음을 인식하게 되고, '과'는 '과자'의 '과'와 같음을 인식하는 등 음절체와 소리의 공통성에 주목하게 됩니다. 이러한 능력들을 잘 발달시킬 수 있도록, 이 시기에는 '끝말잇기', '거꾸로 말하기', '공통음절 단어 말하기' 등과 같은 게임을 즐겨하도록 해야 합니다.

Key Point! 한글 깨치는 아이

난독증은 음운처리능력의 결함으로 인하여 소리와 문자 간의 대응을 못하는 증상입니다. 앞에서 제시한 체크리스트로 난독증이 있는지 아닌지 확인해보세요.

책에 흥미를 보일수록
글자를 잘 읽는 이유

　지유는 책만 보면 도망가는 아이였습니다. 엄마와 함께 여가 시간을 보내는 와중에 책을 꺼내 들면 "나 책 안 볼 거야"라고 말하며 도망다니기 일쑤였습니다. 엄마는 그때마다 한숨을 쉬며 "책 많이 읽어야 똑똑해져, 책 많이 안 읽으면 바보 된다, 책 읽어야지 네가 좋아하는 게임할 수 있어" 등등 협박 아닌 협박으로 지유를 회유하고 협상했습니다. 이러한 장면은 아이를 키우는 집이라면 흔하게 벌어지는 일이지요.

　요즘 아이들은 왜 이렇게 책 읽기를 싫어하고, 힘들어할까요? 당장 우리 어른들만 해도 왜 그렇게 손이 책으로 가지 않을까요? 연령을 불문하고 책이 '흥미'로서 다가와야 손이 가는 것 같습니다. 우리가 영상 미디어에 노출되는 시간이 많을수록, 또 노출되는 연령이 낮으면 낮을수록 더욱더 책이라는 아날로그 매체에 흥미롭게 관심을 못 가지는 듯합니다. 그러나 책은 아이들에게는 언어를 발달시키고 글자를 익히는 중요한 도구입니다. 성인에게도 자기계발에 필요하며, 인격적으로 더욱 성숙하게 만들어 주는 중요한 도구이지요.

책이 주는 힘

지금까지 책에 흥미를 느끼지 못하고 책을 멀리했던 아이는 당연히 활자(종이에 찍어낸 글자)에 대한 인식이 늦거나, 떨어질 수 있습니다. 아이들은 책 표지에는 커다란 제목이 쓰였고, 안쪽에는 예쁜 그림뿐만 아니라 글이 있다는 사실을 압니다. 특히, 어릴 때부터 책을 접하게 되면, 종이에 찍힌 활자에는 어떤 소리와 뜻이 담겼음을 자연스럽게 받아들이지요. 읽기 발달의 단초가 됩니다.

아이는 처음에는 제목을 읽는 척을 할 것이며, 책을 반복적으로 읽을수록 내용을 기억합니다. 아직 글자를 읽지 못하지만 책을 보면서 마치 글을 술술 읽을 수 있는 듯이 이야기하기를 좋아합니다. 그러한 행동이 주변 어른들과 친구들에 의해 자연스럽게 강화되면, 더욱더 소리 내어 읽는 척을 하고 싶어합니다.

점차 '이 글자는 어떤 말이 쓰여졌지?'라는 궁금증이 높아지고, 알아보는 글자들이 많아집니다. 나중에는 통으로 알거나 익숙한 글자들이 하나하나 소리를 가진다는 사실을 깨닫게 됩니다. 가랑비에 옷이 젖는 줄 모르듯이 서서히 말소리에 대한 인식이 늘어나고, 글자에 대한 대입을 할 수 있는 준비를 마칩니다. 드디어 '한글을 깨칠 준비가 된 아이'로 성장하게 됩니다. 그런데 지금까지 만나보았던 많은 부모님들은 다음과 같은 이야기를 하십니다.

"선생님, 우리 아이는 책을 정말 싫어하는 것 같아요. 책을 읽자고 하면 그냥 덮어버리기 일쑤이고, 책을 읽어주면 도망가기 바빠요. 어떻게 하면 책을 재미있다고 생각하고, 책을 좋아하게 만들 수 있을까요?"

애석하게도 책을 처음부터 좋아하게 태어나는 아이는 없습니다. 그저 아주 어릴 때부터 '책'에 흥미를 느낄 수 있도록 '장난감'처럼 접해야 하지요. 책을 가지고 놀며, 책에는 흥미로운 내용과 예상하지 못한 재미있는 그림이 담겨 있음을 알려주어야 합니다. 책을 들춰보고 만져보고 여러 그림을 살펴보며 책이 지루하지 않다는 생각을 심어주어야 합니다. 그러려면 부모님들의 많은 노력이 들어가야 할 것입니다.

그렇다면, '지금 우리 아이가 어린 나이가 아닌데, 이제부터 책을 좋아하게 만들려면 늦었나요?'라는 의문이 들 수도 있습니다. 우리 아이가 책에 흥미가 없던 5세라도, 7세라도, 9세라도 충분히 흥미를 느끼게 할 수 있습니다. 아래 방법을 따라 해보세요.

Key Point! 한글 깨치는 아이

- 부모님이 먼저 독서하는 것을 보여주셔야 합니다. (엄마, 아빠는 아이의 거울!)
- 어린 나이부터 책 읽어주는 것을 반복해야 합니다. (습관의 무서움!)
- 책을 '즐겁게' 읽어주어야 합니다. (엄마, 아빠는 연극인!)
- 다양한 장르의 책을 경험시켜 주어야 합니다. (우리 아이의 취향저격 찾기!)
- 스스로 보는 것에 즉각적 칭찬을 해주어야 합니다. (자발성에 주목!)
- 만화책도 상관없습니다. (보는 것이 중요!)
- 함께 보았던 책에 대해 대화하는 것이 중요합니다. (아하~ 그때 그랬지!)
- 책과 관련된 사람, 장소, 물건 등에 관해 함께 찾아봅니다. (배경지식의 활성화!)

글을 못 읽는 것과
지능은 관계가 없습니다

엄마들이 책 추천 목록을 물어보시는 것과 비등하게 질문을 많이 하는 부분이 바로, '우리 아이의 지능'에 관한 것입니다. 대개 읽기이해력, 유창성이 없는 아이, 글을 못 읽는 아이에 대한 오해 중 하나는 지능이 낮을 것이라는 착각입니다.

'다중지능'이란 용어를 들어보셨나요? 이 다중지능이란 용어는 미국 하버드대학교 교육대학원 인지교육학 교수 하워드 가드너(Howard Earl Gardner)에 의해 널리 알려지게 되었습니다. 가드너는 '다중지능이론(Theory of Multiple Intelligences)'을 창시하였으며, 처음 발표되었을 때에는 인간의 지능을 7가지 영역으로 보았고, 현재는 9~10가지 영역으로 보고 있습니다. 우리가 가진 지능이 하나로만 설명될 수 없고, 다양한 종류의 지능이 상호작용을 하며 협력한 결과라고 설명하는 것입니다. 가드너에 의한 다중지능의 10가지는 다음과 같습니다.

1. 언어지능(Linguistic Intelligence)

2. 논리수학지능(Logical-mathematical Intelligence)

3. 음악지능(Musical Intelligence)

4. 신체운동지능(Bodily-kinesthetic Intelligence)

5. 공간지능(Spatial Intelligence)

6. 인간친화지능(Interpersonal Intelligence)

7. 자기성찰지능(Intrapersonal Intelligence)

8. 자연친화지능(Naturalist Intelligence)

9. 실존적지능(Existential Intelligence)

10. 교육적지능(Pedagogical Intelligence)

아이에게는 저마다 뛰어난 점이 있습니다

가드너의 다중지능이론의 등장 전에는, 지능이 높은 사람은 모든 영역에서 우수할 것이라 여겨졌으며, 지능이 낮은 사람은 모든 영역에서 어려움이 있을 것이라 여겨졌습니다. 그러나, 그렇지 않습니다. 일반적인 아이들도 각자 아이들이 가진 재능과 능력이 다릅니다. 어떤 아이는 수학을 잘하는 반면, 어떤 아이는 음악적 재능이 있으며, 또 어떤 아이는 신체운동이 탁월하기도 합니다. 아이들의 발달을 꾸준히 보고 있는 저는 이 다중지능이론에 완전히 동의합니다. 발달이 지연된 아이들이라고 해도 가지각색의 강약점을 가지고 있기 마련입니다.

선오는 청각장애를 동반한 남자아이였습니다. 선오는 듣기의 어려움으로 언어를 더 정교하게 구사하는 것에는 제한점이 있었지만, 길 찾기 하나는 뛰어난 4세였습니다. 엄마가 운전을 해서 어디로 가는 길인지 알아차리고, 집으로 가는 길을 모두 외웠습니다. 선오는 언어지능이 활발하게 발달하지 않았지만, 공간지능은 뛰어났던 아이였습니다.

꾸준한 언어재활 덕에 선오는 말을 듣고 이해하고 표현하는데 또래만큼 나아졌지만, 또 하나의 문제가 있었습니다. 바로, 학교생활에 잘 적응하는 것이었죠. 대부분의 엄마들이 고민하는 지점이 아닐까 싶습니다. 다행히도 선오는 학교생활에 잘 적응했습니다. 다른 아이들과 다른 청각장애라는 핸디캡이 있었지만, 타고난 친화지능으로 또래 친구들을 사귀고 어울리는데 큰 걸림돌이 없었습니다.

관심과 흥미 유발이 발달을 돕습니다

우리는 아이들을 바라볼 때 언어, 논리수학과 같은 지능만을 생각하며 학습에서 크게 성공하길 바랍니다. 하지만, 지능검사 는 종이와 연필로 알아낼 수 있는 언어, 논리수학 지능뿐입니 다. 현재 나온 지능검사에는 장점과 단점은 분명히 존재하며, 인간의 복잡하고 고도화된 정신적 능력을 측정하기에는 모두 제한적입니다. 물론 음악, 신체운동 지능이 뛰어난 아이라면 검 사를 하지 않더라도 그 분야에서 뛰어난 두각을 나타낼 것이지 만, 그것을 모두 검사로 측정하기란 쉽지 않습니다.

또, 인간친화, 자기성찰, 자연친화, 실존적, 교육적 지능들을 어떻게 정량화하여 측정할 수 있을까요? 세상에 모든 지능을 완벽하게 측정할 수 있는 검사는 단연코 없습니다. 지능이란 것 은 충분한 기회와 상호작용의 결과로 발달하는 것이며, 각 지능 들은 비교적 독립적으로 발전하게 됩니다.

운동선수의 자녀들을 생각해보면, 탁월한 유전자의 덕도 있겠지만 어릴 때부터 운동을 접할 기회가 많았을 것입니다. 어떤 아이들은 기회가 주어져도 관심과 흥미가 없기 때문에 그에 해당하는 지능을 발달시키지 못하고, 또 어떤 아이들은 관심과 흥미로 인하여 더 많은 기회를 얻으며 발전시키기도 합니다.

언어 발달도 마찬가지입니다. 어릴 때부터 언어 자극을 해주고, 언어 발달에 도움이 되는 활동을 해주면 말문도 빨리 트이고, 한글도 빨리 깨치게 됩니다.

공부머리가 없다고, 언어능력이 없다고 섣부르게 판단하지 말고 우리 아이를 지원해주시길 바랍니다.

Key Point! 한글 깨치는 아이

지능검사는 언어/논리수학 지능만을 측정할 수 있답니다. 하워드 가드너의 다중 지능에 대해 더 알고 싶다면, EBS 위대한 수업 '하워드 가드너' 편을 참고해 주세요.

지능은 공부 잘하는
지표일까요?

혹시 지능(Intelligence)에 대해 어떤 생각을 가지고 있으신가요? 많은 분들이 자녀가 학교가기 직전이나 초등 저학년 시기일 때 지능검사를 받습니다. 아이에게 지능검사를 시키는 이유는 각자가 다를 것입니다.

어떤 아이는 무척 똑똑해보여서, 좀 더 특별한 수업이 필요해서, 조기 입학이나 선행 학습의 여부를 결정하려고 지능검사를 받습니다. 반면에, 어떤 아이는 혹시 장애가 있는 것이 아닐지, 경계선 지능을 가진 것인지 확인하기 위하여 지능검사를 받기도 합니다. 물론, 지능검사를 받고 우리 아이가 높은 지능을 가졌다는 결과를 받으면, 누구나 기분 좋은 일이 아닐 수 없습니다. 그런데, 생각해보아야 할 것입니다. 그 지능검사의 지능지수가 과연, 어디서부터 어디까지 믿을 만한지, 그 점수가 과연 무엇을 뜻하는지 말입니다.

이유가 어찌되었든 지능검사를 받았다면, 영역별 점수나 전체 지능지수 결과에 너무 연연해하지 않으면 좋겠습니다. 현재 아이의 상태를 이해하는 정도로만 받아들이고, 점수 자체에 큰 실망이나 지나친 기대를 하지 않았으면 합니다.

경계선급 지적 기능인이란?

종종 상담을 하다 보면, 아이가 지능검사를 받은 이력이 있음에도 공개하기를 꺼려하거나 숨기고 싶어 하는 모습을 봅니다. 우리 아이 지능이 생각보다 높게 나오지 않아서, 혹 경계선 지능이라고 하는 그 점수에 해당해서 이야기하지 않는 부모님도 계십니다.

경계선 지능의 정확한 용어는, '경계선급 지적 기능(Borderline intellectual functioning)' 입니다. 이러한 경계선 지적 기능에 해당하는 사람들을 '경계선급 지적 기능인'이라고 불러야 하는 것이 맞습니다. 여기서 주목해야 할 것이 바로 '기능'입니다. 왜 기능을 용어에 넣었을까요? 그것은 바로, 우리가 생활하는 영역에서의 적응 행동을 잘하는지, 기능적인 역할을 잘 수행에 내는지가 매우 중요하기 때문입니다.

단순한 지능점수의 결과가 중요한 것이 아니라, 자신이 속한 집단에서 역할과 적응을 성공적으로 수행해내는지를 중요하게 보기 때문입니다. 집단은 예를 들면 가정, 학교, 학원, 동아리, 교회 등이 있겠지요.

어쨌든 사회 집단 내에서의 이러한 기능적인 측면은 충분히 더 발전시킬 수 있으며, 지원 여부와 강도에 따라서 달라질 수 있습니다. 경계선급 지적 기능을 보인다 하더라도, 성공적인 학교생활이나 건강한 또래 관계를 경험하는 경우도 많으며, 직업인으로 성장할 수 있습니다. 지적장애로 진단된 아이들도, 성인들도, 경계선급 지적 기능인들도 모두 충분히 잘해낼 수 있는 것이 많습니다. 경계선급 지적 기능인을 분류할 때 사회적, 윤리적 고려를 좀 더 충분히 해야 할 이유가 여기에 있는 것입니다.

언어 발달적 면에서 살펴보면, 이들은 일상적인 대화는 가능하지만, 추상적 개념이나 논리적 사고가 필요한 문장을 이해하는 데 어려움을 겪을 수 있습니다. 언어 발달을 돕기 위해서는 다음과 같은 방법이 있습니다.

- 명확하고 쉬운 언어 사용: 간결하고 직관적인 문장으로 대화
- 어휘력 향상 훈련: 구체적이고 실생활에서 쓰이는 예시로 단어를 설명
- 시각 자료와 함께 학습: 그림, 사진, 동영상과 함께 시각적으로 이해를 도움
- 짧은 문장으로 나누어 학습: 한 문장씩 이해하도록 유도하고, 단계적으로 설명함
- 실제 상황 속에서 언어 연습: 역할놀이를 통해 자연스럽게 언어를 익히게 할 수 있음

지능점수는 성적의 척도가 아닙니다

우리가 지능검사로 부를 수 있는 것들은, 우리가 가진 지능 중 일부를 어떤 기준을 마련하여 집단별로 어느 정도에 속하는지 측정하는 것입니다. 학습을 원활하게 받아들일 수 있는지 측정 가능한 지능을 검사하기 때문에, 지능에서 높은 점수를 받은 아이는 학습을 잘 할 수 있는 가능성이 높다고 말할 수 있습니다.

그렇기 때문에 대부분의 사람들이 '지능점수는 곧 공부를 잘하는 척도'로 생각하는 것입니다. 그러나 절대적으로 주의해야 할 것은, 지능점수가 모든 것을 알려주는 지표가 아니라는 점입니다. 뇌의 기능, 즉 모든 영역의 지능지수를 측정할 수 있는 것이 아니기 때문입니다.

가장 안타까운 것은, 지능점수를 믿고 연령을 고려하지 않은 지나친 선행을 하는 경우나, 낮은 지능점수를 확인하고 뭘 해도 안 될 것이라는 절망이나 선입견으로 충분한 기회를 갖지 못하는 경우들입니다. 앞에서 말한 것처럼 혹 우리 아이가 느린 학습자라 할지라도 방법은 있습니다.

Key Point! 한글 깨치는 아이

지능점수는 공부를 잘하는 척도가 아닙니다. 그렇기에 우리가 손에 받아드는 그 지능지수는 학습의 성공을 예견하는 만능 점수가 아니며, 절대적으로 믿어야 할 점수도 아님을 꼭 기억하세요.

엄마한테는 안 배우겠다는 아이

> **"** 7세 아이라, 내년에 학교를 가요.
> 학습이 필요해 보이는데,
> 집에서 엄마가 알려주면 거부감이 심해요. **"**

평상 시 아이와 엄마의 관계에 대해 생각해보아야 할 것입니다. 친밀감 형성이나 애착에 어려움이 없는 상태인지, 평소 약속 등 신뢰 관계에 무너진 것은 아닌지, 훈육을 어떻게 했었는지, 엄마의 말투가 지시적이고 강압적이지 않았는지 등 여러 가지를 고려해보아야 합니다. 엄마와 노는 것이 너무 즐거운 아이는, 엄마와 놀고 싶지 공부를 하고 싶지 않을 수도 있겠지요. 놀이를 통해 자연스럽게 알려주는 방법, 즐거운 활동(만들기, 꾸미기, 붙이기 등)을 접목시키거나, 보상을 제공하는 등 '즐거움'을 꼭 고려하세요.

제 경우 딸아이는 아빠와 학습시간을 보내는 것보다 엄마와 공부하기를 더 선호합니다. 평소에 아빠는 수용적인 표현보다 이성적이고 사실적인 표현을 하며 상호작용하였고, 저는 수용적인 표현과 유머러스한 표현을 더 많이 하는 편이었습니다. 아이와 학습할 때 아이의 성향을 잘 파악하는 것이 중요합니다. 감성적인 아이라면 그에 맞게 마음 읽기와 수용적인 분위기를, 사실적인 아이라면 정확한 피드백을 주어야 합니다. 모든 아이에게는 항상 즉각적 칭찬은 필수이며, 학습동기를 높여주는 재미요소를 빼놓지 말아야 합니다.

혹, 아이와 학습시간이 너무 괴롭고 힘든 시간이라면, 기관에 보내는 것도 하나의 방법이긴 하겠지요. 기관에 보내시더라도, 어떤 것을 학습하고 있는지, 가정 내에서 어떤 것을 도와주어야 하는지 반드시 관심을 가져주시기 바랍니다. 놓지 말아야 할 것은 매일매일 아이에게 즐겁게 책을 읽어주는 것입니다.

· 6단계 ·

'작문'을 잘하는
아이가 됩니다

작문을 잘하는
아이로 키우기

혹시 우리 아이가 말은 잘하는데, 쓰기를 매우 힘들어하지 않나요? 자신의 생각을 한 줄 쓰는데 매우 어려움을 보인다면, 일기 쓰기를 손에 놓지 않기를 바랍니다. 예전에는 학교 교육의 일환으로 일기 쓰기가 필수였습니다. 매번 선생님께 확인을 받고 오타를 수정받으며, '참 잘했어요' 도장을 받았지요. 요즘은 일기 쓰기가 학교나 선생님별 재량이라고 합니다.

그렇기에 글쓰기 교육을 강조하는 학교, 선생님에 따라 아이들의 글쓰기 실력이 달라지기도 하지요. 검색 사이트에서 '일기 쓰기'만 검색하여도 일기 쓰기의 장점을 볼 수 있습니다. 예전에는 수능으로 대학교에 입학하는 정시 비율이 높았지만, 지금은 다양한 방법과 수시 전형이 늘고, 논술고사의 비중이 높아졌습니다. 그러나 세대가 점점 더 어릴수록 문해력이 낮아지며, 자신만의 생각을 정리, 기술하는 능력이 부족해지고 있습니다.

AI 기술의 발달로 글을 쓰는 직업에 대한 위기감이 높아지고 있지만, 그에 반해 또 인간만이 인간다운 '인문학'에 대한 관심이 높아지기도 합니다. 기술 발전이 눈부시게 성장하였지만, 점점 더 인간으로서의 가치 탐구와 표현활동에는 갈증을 느끼는 시대입니다.

AI 시대에 더욱 필요한 자질

우리 아이들이 어른이 되는 시대는 어떤 시대가 될까요? AI로 인하여 지금 예측들은 빗나가거나, 상상하는 것 그 이상으로 다른 세상이 올 것 같아 불안감이 커져만 갑니다. 그렇기에 우리가 지금 대비해야 할 것은 아이들이 변화하는 시대에 잘 적응할 수 있는 자질을 길러주는 것입니다.

어떤 것을 쉽게 포기하지 않는 마음과 새로운 것을 받아들일 줄 아는 자세, 자신만의 명확한 가치관과 사고를 확립해주는 것이 우리가 해야 할 일이 아닌가 싶습니다. 어쩌면, 우리 부모세대가 받아왔던 교육 방식으로는 통하지 않을 수도 있습니다. 앞으로는 자신의 생각을 말로서도, 글로서도 조리 있게 잘 표현해내는 능력이 진짜 필요해보입니다. 그러한 자질을 키워주는 것이 우리가 지금 해야 하는 일입니다.

그렇다면, 난독 아이들은 어떻게 해야 할까요?

난독 현상을 보였던 아이들이 읽기를 넘어서 자신만의 생각을 쓸 수 있도록 도우려면 기본적으로 세 가지 기술을 키워야 합니다.

첫 번째는 글씨를 손으로 쓰는 기술(Handwriting)입니다. 아이는 초성 자음과 모음, 종성 자음 순으로 써내려가야 하는 것을 알아야 합니다. 자음과 모음의 획 순서를 지키며 써야 하지요. 글자를 외우듯, 그림을 그리듯이 써내려가는 아이들이 있습니다. 아이가 초성 자음을 먼저 쓰고, 받침 자음을 쓰고 모음을 나중에 쓰다면, 이를 반드시 순서대로 잡아주어야 합니다. 글자 순서와 획 순서를 제대로 쓰지 못하면, 쓰기 오류를 많이 범하게 되기 때문입니다.

글자 모양과 기울기, 크기(일정함)와 간격(글자와 글자 사이, 단어와 단어 사이), 줄을 맞춰 쓰기 등의 기술이 필요합니다. 어떤 아이들

은 ㅇ을 u처럼 완전하게 닫히게 쓰지 않기도 하고, ㅁ을 쓰려고
했지만, 네 모서리의 각을 제대로 살리지 않고 써버려 ㅇ처럼
보이게 쓰는 경우도 있습니다. 이런 경우 아이는 철자를 맞게
썼다고 생각해도, 결과물이 틀린 글자가 되어 결국 철자를 제대
로 쓰지 못하는 아이로 보일 수 있습니다.

두 번째는 철자 쓰기(Spelling writing)입니다. 초등학교 저학년 시
절 받아쓰기를 강조하고 자주 시키는 이유이기도 하지요. 아이
들은 어휘를 알고 뜻에 맞게 형식에 맞추어 쓰는 철자법을 반드
시 익혀야 합니다. 인터넷 시대에 접어들면서부터 온라인 기반
으로 실시간으로 빠르게 의사소통을 하다 보니, 받침을 제대로
쓰지 않고 음운변동의 소리 그대로 쓰는 경우가 많아졌습니다.
  심지어 텍스트 모양에 따라 새롭게 창조되는 단어(예를 들어, 멍
멍이를 댕댕이로 부르는 경우 등)들도 많아졌지요. 이런 환경에서 아이
들이 올바른 철자법을 배우기란 쉽지 않습니다.
  철자 쓰기의 능력은 음운인식과 형태소 인식, 표기인식 능력,
어휘 능력 등이 잘 받쳐주어야 발달할 수 있습니다. 때문에 특
히 난독 현상을 겪는 아이들에게는 철자 쓰기를 강조하고 또 강
조해야 합니다.

세 번째는 아이디어를 창출하는 기술입니다. 읽기와 작문의 차이점은, 자신만의 아이디어를 생각해내고, 그것을 어떻게 써내려갈지 계획하고 표현(쓰기)해야 한다는 것이지요. 지금 제가 여러분께 글을 쓰고 있는 것 자체가 작문이지요.

글을 쓰는 목적이 무엇인지 생각해보고, 누구에게 쓰는 것인지 정하고, 자신만의 생각을 정리하여 어떠한 순서로 쓸지, 필요한 자료들을 수집하여 글의 목적에 맞게 수정하고 편집하는 것, 자신의 생각을 논리적으로 표현하는 쓰기 기술입니다.

우리가 '작문(composition)'이라고 말하는 것은 읽기 단순 모델(simple view of reading)과 비슷한 맥락으로, '아이디어 창출 × 표기 ＝작문'으로 설명될 수 있습니다. 즉, 아이디어를 가지고 계획하여 언어로 옮겨야 하고, 언어를 정확하고 신속하게 쓰는 능력이 뒷받침 될 때 작문이 가능하다고 말할 수 있습니다. 작문의 과정은 사전활동(prewriting) → 초안(drafting) → 수정(revising) → 편집(editing) → 출판(publishing) 순으로, 이 책이 나오기까지의 과정 또한 다르지 않습니다. 분명 편집을 하다 다시 수정이 되기도 하고, 중간 과정이 조금 뒤섞일 수는 있겠지만 큰 틀에서 보면 이러한 방향성을 가지고 진행되는 것입니다.

작문으로 키우는 생각의 힘

예전에는 작문을 지도할 때 과정보다는 결과물에 대해 초점을 맞추어 진행되었다고 하면, 근래에 들어서는 작문의 과정적 접근법, 결과물이 아닌 글쓰기 과정에 초점을 맞춘 접근법이 더 강조되고 있습니다.[11] 앞서 언급하였던 읽기이해 활동과 연계한 작문 활동들이 우리 아이들에게는 매우 효과적[12]입니다.

글을 유창하게 읽는 것이 하루아침에 완성되지 않듯, 글을 잘 쓰는 것 또한 단기간 속성으로 완성되지 않습니다. 읽기쓰기 교육에서 가장 중요시되는 체계적이고 명시적인 교육을 꾸준하게 실천해야 합니다. 우리 아이들에게 지속적으로 다양한 형태의 쓰기 기회를 제공하며 작문을 가르쳐야 할 것입니다.

우리 아이들이 작가가 되어, 자신만의 이야기를 멋지게 써내려가는 날이 온다면 얼마나 대견하고 기쁠까요? 작가가 아니더라도, 자신만의 관심 있는 분야에 대해 블로그를 운영하거나, 좋아하는 책의 서평을 할 수 있고, 자신의 의견을 글로서 당당히 밝힐 수 있는 사람이 될 수 있도록 우리 모두가 작문까지 힘써주어야 합니다.

Key Point! 한글 깨치는 아이

언어 발달을 위해 글쓰기는 필수입니다. 작문을 잘하기 위한 3가지 기술을 알려주세요.

① 손으로 쓰게 합니다.

② 맞춤법에 유의해서 쓰도록 지도합니다.

③ 글 속에 짧더라도 아이의 생각이 들어가도록 이끌어주세요.

단어부터 차근차근
스스로 써보기

속담에 '천릿길도 한 걸음부터'라는 말이 있습니다. 무슨 일이든지 시작이 중요하며, 큰일이라도 첫 시작은 작은 일로부터 비롯된다는 뜻이지요. 작문을 잘하는 아이가 되기 위해서는 앞서 언급하였던 많은 능력(낱말 읽기 능력, 형태소 인식, 표기 인식, 어휘 지식, 구문 지식, 텍스트 구조 지식, 상위 인지력, 언어 이해력, 읽기 이해력, 아이디어, 표기 능력 등)들이 잘 갖추어져 있어야 합니다. 어느 하나 중요하지 않은 것이 없습니다.

작문을 잘하기 위해서는 일단 어떤 내용이든 직접 써보아야 합니다. 아이들은 단어를 이해하고 그 단어를 이용하여 문장을 만들 수 있다면 그것부터 시작입니다.

저는 아이들에게 음운규칙을 중재하며 한 문장 만들기 과제를 반드시 하도록 지도합니다. 음운규칙에서 다루었던 어휘들을 가지고 스스로 문장을 만들어볼 때 어떤 아이들은 매우 어려워하고, 어떤 아이들은 손쉽게 잘 써내려갑니다.

아이들은 일단 주어진 어휘들을 잘 알고 있다면, 문장을 만들 때 쉬워합니다. 친숙도가 떨어지고 잘 쓰지 않는 어휘일수록 어떻게 문장에 넣어야 할지 모를 수 있습니다. 되도록 아이들이 너무 어려워하지 않는 단어, 그렇다고 너무 쉬운 단어가 아닌 단어들을 이용하여 문장 만들기를 해야 합니다.

만약, 너무 어려워하는 아이에게는 다양한 예시를 제시하거나, 질문을 던져서 문장을 만들어보도록 유도할 수 있습니다. 되도록 단어의 뜻이 잘 담길 수 있는 문장으로 만들어보도록 하는 것이 좋습니다. 예를 들어, '값'이란 단어로 문장을 만들 때, '어떤 물건을 사고 싶어?', '소중하게 생각하는 게 뭐야?' 등 실제 물건의 금액을 생각할 수 있도록 떠올리게 하는 질문이나, 어떤 것의 중요성을 생각해볼 수 있도록 하는 질문을 합니다.

일상적 어휘들 외에 학습을 하기 위한 특정 어휘들은 함께 사전을 찾아보며, 어휘의 사전적 의미와 예문을 살펴보는 것도 좋습니다. 또, 우리가 어떤 어휘를 읽었을 때 직관적으로 드는 생각 등을 바로 표현하여 그것을 그대로 적어보는 방법도 좋습니다.

아이가 한 문장 정도를 스스로 쓸 수 있다면, 더 긴 문장과 글을 쓸 수 있습니다. 초등학교 저학년 때는 무슨 일이 있어도 손가락으로 연필을 잡아 종이에 써보는 글씨 쓰기 연습을 필수입니다. 하지만, 여러 이유로 아이가 손으로 글씨를 쓰는 일에 제약이 있다면, 키보드 등의 도구들을 이용해서라도 글을 쓰도록 연습해야 합니다. 자신의 생각을 어떤 매개체로든 빠르게 표기할 수 있어야 하기 때문입니다.

구어체와 문어체의 구별

아이들과 문장 만들기 활동을 하다 보면, 구어체와 문어체를 구별하기 어려워하는 경우가 많습니다. 구어체는 표준국어대사전에서 '글에서 쓰는 말투가 아닌, 일상적인 대화에서 주로 쓰는 말투'로 정의하고 있습니다. 책에서 쓰는 말투가 아닌, 말로 이야기를 주고받을 때 사용하는 것이지요.

문어체는 '일상적인 대화에서 쓰는 말투가 아닌, 글에서 주로 쓰는 말투'입니다. 어린아이들은 문어체보다 자신이 입으로 늘

하는 말투인 구어체가 더 익숙할 수밖에 없습니다. 대표적으로 구어체에서는 '-해, -해요'로 말을 끝맺고, 문어체에서는 '-이다, -ㅂ니다'로 서술합니다.

이 책에는 '-ㅂ니다'와 '-지요'라는 문어와 구어를 섞어 기술하고 있습니다. 이 책이 많은 정보를 담으면서도, 부모님들께 친근하면서도 차분히 메시지를 전달하고 싶었기 때문입니다.

다시 구어체와 문어체를 비교해 보자면, 연결을 나타낼 때에는 구어체에서는 '-하고, -랑'을 많이 쓰는 반면, 문어체에서는 '-와/-과'를 사용합니다. 접속사를 살펴보면, 구어체에서는 '근데, 하지만'이, 문어체에서는 '그런데, 그러나' 등이 많이 쓰입니다. 또한 의도를 나타내고자 할 때는 구어체에서는 '-하려고ⓒ'를, 문어체에서는 '-기 위해'를 사용합니다. 제가 가르치고 있는 아이는 '-에'를 사용해야 할 때 '-에다/에다가' 표현을 넣어 구어체를 자주 쓰곤 하지요.

'나 어제는 친구랑 떡볶이 먹으려구 분식집에 갔는데, 오늘은 뽑기 하려구 문구점에 갔었어.'

'저는 어제 친구와 떡볶이를 먹기 위해 분식집에 갔습니다. 그런데 오늘은 뽑기를 하기 위해 문구점에 갔습니다.'

같은 의미의 문장이지만, 구어체와 문어체 표현하는 형식에 따라 분위기가 확연히 달라지는 것이 느껴질 것입니다. 아이들에게 우리가 말로 하는 말과 글로 하는 말은 쓰는 형식과 어휘의 선택이 달라질 수 있음을 잘 설명해야 합니다. 다양한 책을 잘 접한 아이일수록 구어체의 문어체의 구별을 잘하는 것은 당연한 일입니다.

글씨체가 엉망인 아이

❝ 한글을 쓰는 순서를 교정해주어야 할까요?
글씨체가 정말 엉망인데, 어떻게 하면 글씨를
예쁘게 쓸 수 있을까요? 필사가 도움이 될까요? **❞**

한글을 처음 배울 때, 자음과 모음의 획 순서 쓰기는 반드시 알려주어야 합니다. 처음에는 정확하게 알려주지만, 시간이 지나면 아이들은 저마다의 스타일대로 글자를 써내려가기 마련이지요. 그렇지만, 글자를 쓸 때, '초성자음 → 모음 → 종성자음' 순으로 쓰는 것은 반드시 지키도록 지도해야 합니다. 글자를 효율적으로 순서대로 적기 때문에 쓰는 속도가 높아질 수 있습니다.

아이의 나이가 만 8세 이하라면, 선 긋기를 게임처럼 많이 해보는 것이 좋습니다. 시중에 나와 있는 따라 그리기 등의 여러 교재들을 활용할 수도 있습니다. 굳이 책을 활용하지 않아도 그림을 그리며 끄적이기 활동을 많이 할수록 좋습니다. 흥미와 호기심을 자극하기 위하여 연령이 어린아이라면, 쉐이빙폼이나 휘핑크림을 쟁반에 뿌리고 그 위에서 글자를 함께 써보는 활동을 추천합니다. 또한 글씨 위에 그대로 따라 써보는 연습도 좋습니다. 흐릿한 글씨를 인쇄하여 그 위에 연필로 따라 적어보며 예쁜 글씨체를 연습해볼 수 있습니다. 너무 꼬부라진 글씨는 알아볼 수 없다는 것을 아이 스스로도 알아야 합니다. 아이가 쓴 글씨를 읽어보도록 하며, ㅇ은 완전하게 동그라미를 닫는 연습, ㅂ과 ㅁ, ㄷ과 같이 각이 필요한 자음은 정확한 각이 나오도록 써보는 등의 연습이 필요합니다.

필사는 읽기이해, 기억력, 뇌 활성화, 정서 안정, 주의집중 강화 등 여러모로 누구에게나 좋은 활동입니다. 아이들이 필사 활동을 하기 전 반드시 해야 할 것은 바로 소리 내어 읽어보는 것입니다. 보통 초등학교 3학년 이상의 아이들에게는 소리 내어 읽는 것을 덜 강조하게 됩니다. 그러나, 저학년이거나 난독 현상이 있는 아이들이라면 반드시 소리 내어 읽은 후 따라 써보는 것이 좋습니다.

부록

*

*

*

1. 한글 깨치기를 돕는
그림책 목록 50
2. 읽기이해력 활동지 15

1. 한글 깨치기를 돕는
그림책 목록 50

	책 이름	저자	출판사
1	걱정상자	조미자	봄개울
2	그레이엄의 빵 심부름	장 바티스트 드루오	옐로스톤
3	금동이네 김장 잔치	유타루	비룡소
4	그래도 엄마는 너를 사랑한단다	이언포크너	베틀북
5	나에겐 비밀이 있어	이동연	올리
6	나는 불에서 태어났어	김소예	다정다감
7	나는 이런 그림 잘 그려요	김미남	양말기획
8	나를 괴롭히는 아이가 있어요	아멜리 자보 외	책읽는곰
9	날 입양해 주실래요?	트로이 커밍스	보물창고
10	넌 토끼가 아니야	백승임, 윤봉선	노란돼지
11	돌담집 그 이야기	최지혜, 오치근	계수나무
12	돼지책	앤서니 브라운	웅진주니어
13	떡이 최고야	김난지, 최나미	천개의 바람
14	마법침대	존 버닝햄	시공주니어
15	마티스의 정원	사만사 프리드만 외	주니어RHK
16	초록아줌마, 갈색아줌마, 보라아줌마	엘사 베스코브	시공주니어
17	모네의 고양이	릴리 머레이 외	아르카디아
18	망가진 정원	브라이언 라이스	밝은미래
19	바다를 지킨 로빈	안드레아 라이트마이어	키즈엠
20	빨리빨리 레스토랑의 비밀	김원훈	달리

21	사자마트	김유	천개의 바람
22	산타는 어떻게 굴뚝을 내려갈까?	맥 바넷, 존 클라센	주니어RHK
23	세계의 시장여행	테드 르윈	북비
24	세상에서 가장 아름다운 달걀	헬메 하이네	시공주니어
25	아나톨의 작은 냄비	이자벨 까리에	씨드북
26	아모스 할아버지가 아픈 날	립 C. 스테드 외	주니어RHK
27	안녕, 모그	주디스 커	북극곰
28	에드와르도 세상에서 가장 못된 아이	존 버닝햄	비룡소
29	오늘도 어질러진 채로	시바타 케이코	Fika junior
30	우리가 모르는 하루	천미진, 이상현	키즈엠
31	이상한 손님	백희나	책 읽는 곰
32	임금님의 아이들	미우라 타로	비룡소
33	자, 맡겨주세요!	이소영	비룡소
34	정답이 있어야 할까	맥 바넷 외	주니어RHK
35	임금님의 아이들	미우라 타로	비룡소
36	좋아요	시적	제제의 숲
37	중요한 사실	마거릿 와이즈 브라운	보림
38	지각대장 존	존 버닝햄	비룡소
39	착한 달걀	조리존, 피트 오즈월드	길벗어린이
40	치과의사 드소토 선생님	윌리엄 스타이그	비룡소
41	친구를 데려가도 될까요?	베니 몬트레스 외	시공주니어
42	최고의 이름	루치루치	북극곰
43	커다란 크리스마스 트리가 있었는데	로버트 베리	길벗어린이
44	크리스마스 선물	존 버닝햄	시공주니어
45	트롤과 염소 삼형제	맥 바넷, 존 클라센	북극곰
46	행복한 고양이 아저씨	맥 바넷, 존 클라센	비룡소
47	어떻게 못됐으면서 착해요?	올리비에 클레르 외	공존
48	우리에게 사랑을 주세요	데스몬드 투투 외	마루벌
49	거꾸로 토끼끼토	보람	길벗어린이
50	종이 봉지 공주	로버트 문치 외	비룡소

2. 읽기이해력
활동지 15

읽기이해 활동은 아이들이 가진 생각을 최대한 자유롭게 끄집어내고, 표현하며, 다양한 주제의 책을 접하며 배경 지식을 활성화하고, 질문과 토론을 즐길 수 있도록 도와주는 것입니다. 시중에는 다양한 독서 프로그램과 활동지가 나와 있으며, 논술 및 독서 학원들의 프로그램도 많습니다. 그러나, 아이의 형편에 맞게 잘 계획된 프로그램을 찾기란 쉽지 않습니다. 아이들마다 가진 인지적 자원이 다르며, 각기 취약한 전략들이 다릅니다. 읽기이해는 매우 복잡한 과정을 거쳐야 하기 때문에, 글을 잘 읽어낸다 하더라도 읽으면서 내용을 동시에 이해하기 어려울 수 있습니다.

느린 아이들이 스스로 생각하는 힘을 길러줄 수 있는 읽기이해 활동들을 소개합니다. 활동지를 단순하게 채우는 것이 아닌, 책과 관련된 생각을 잘 이끌어내어 어떤 방법으로든 표현하도록 하는 것이 중요합니다. 다음 소개되는 활동지 예시는 『학습부진 및 난독증 학생을 위한 읽기이해 교수방법』에서 언급한 '읽기 전/중/후 활동'을 참고하여 직접 만든 것입니다.

① 책조각

읽기 전 활동으로, 책의 내용을 엿볼 수 있는 문장들을 선정하여, 아이에게 읽게 하고 어떤 내용이 나올지 해석과 토론을 하도록 합니다. 책조각의 순서를 맞추게 한 후 어떤 내용일지 예상해봅니다.

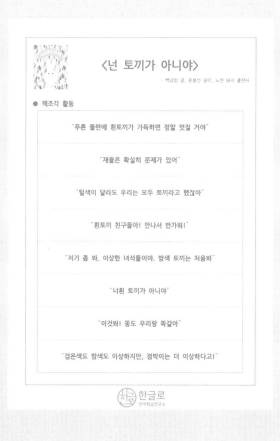

② 예상가이드

　읽기 전 활동으로, 책의 내용과 관련된 명제를 3~4개 정도 선정하여 나열하고, 학생에게 명제에 동의하는지, 동의하지 않는지를 묻는 활동입니다. 정해진 정답을 선택하는 것이 아닌, 다양한 관점에서 가치를 알게 하는 것이 목적입니다. 명제에 대한 자신의 생각을 적극적으로 표현하고 토론하도록 도와줍니다.
　예시: 『사자마트』, 김유, 천개의 바람

예상가이드

명제	동의함	동의하지 않음	이유
부지런하고 성실하면 모든 일이 잘 될 것이다.			
인상이나 외모로 성격을 짐작할 수 있다.			
다른 사람의 이야기를 듣고 아는 사람에게 말해도 된다.			

한글로
언어학습연구소

③ 앙케이트

읽기 전 활동으로, 부모님이 먼저 주제, 아이디어, 사건 등을 정하고, 열린 질문으로 제시하거나 여러 가지 답이 될 만한 것을 보기로 제시하여 선택하게 하도록 한 후 토론하도록 합니다.

〈마음버스〉

· 김유 글, 소복이 그림, 천재의 바람 출판사

● 앙케이트

1. 내가 가장 아끼는 물건은 _____ 이다. 만약 망가졌다면, 어떻게 하겠는가?
   _____ 고칠 수 있는지 살펴보고, 고쳐본다.
   _____ 아깝지만, 망가졌으니 버리도록 한다.
   _____ 똑같은 물건으로 새로 산다.
   _____ 망가졌지만, 아끼는 물건이니 보관한다.
   _____ 다른 물건을 산다.

2. 매일 버스를 타고 가는데, 나는 버스 안에서 어떻게 행동할까?
   _____ 앉을 자리를 찾는다.
   _____ 창밖을 보거나 핸드폰을 보면서 간다.
   _____ 버스 안 사람들과 눈을 마주치고 가벼운 목 인사를 한다.
   _____ 옆에 앉은 사람에게 "안녕하세요?" 말을 하며 인사를 한다.
   _____ 기사님께 인사를 한다.

3. 버스에서 지갑을 잃어버린 사람이 있다. 나는 어떤 행동을 할까?
   _____ 무슨 일인지 지켜본다.
   _____ 함께 지갑을 찾아본다.
   _____ '안타깝다'라고 생각한다.
   _____ 경찰에 신고하라고 말해준다.

4. 모르는 사람이 '안녕하세요?' 인사를 한다. 나는 어떻게 할까?
   _____ 그냥 지나친다.
   _____ 목 인사를 하고 지나간다.
   _____ "네 안녕하세요?" 라고 말하며 답한다.

5. 걱정이 있을 때, 나는 어떤 행동을 할까?
   _____ 나 혼자 계속 생각한다.
   _____ 선생님에게 이야기 한다.
   _____ 부모님께 말씀드린다.
   _____ 친구와 이야기 한다.
   _____ 게임을 하거나 다른 것을 하며 잊어버린다.

한글로
언어학습연구소

④ 사전전 관람

읽기 전 활동으로, 책과 관련된 주제, 개념과 관련된 배경 지식을 확장, 사고 활성화, 추론, 감성적 반응 등을 키울 수 있는 활동입니다. 책에서 알게 된 내용을 이야기하고, 사진을 보며 감상하도록 합니다. 자신의 생각을 직접 그림으로 그리는 등의 활동으로 연계할 수 있습니다.

⑤ 열 개의 중요한 단어

읽기 중 활동으로, 아이가 책을 읽으며 중요하다고 생각되는 단어 10개 정도를 선정하도록 합니다. 어떤 단어를 선택했는지 발표 및 이유에 대해 토론을 하도록 합니다. 선정된 단어로 책의 내용을 요약하는 문장을 만들도록 합니다.

〈마법침대〉

● 중요한 단어

⑥ 그래픽 조직자

　읽기 중 활동으로, 책의 주제와 주요 개념들을 시각화하여 정리하는 활동으로, 글의 구조, 정보 정리 등을 도와줍니다. 이야기 파악이 어려운 아이에게 효과적이며, 도형과 직선, 화살표 등을 이용하여 연결하여 시각화하며, 필요하다면 범주 어휘 및 중심 개념 어휘를 적어 줄 수 있습니다. 글을 읽어가며 중요한 정보 및 사건을 순서대로 적도록 합니다.

⑦ 인물 설명 그물

읽기 중 활동으로, 책의 등장인물을 중심에 놓고, 그 주변에 인물의 특징을 적도록 합니다. 활동지에 모두 쓴 다음에는 다시 책을 살펴보며 특징의 근거가 되는 부분을 찾아보도록 합니다. 인물에 대해 분석하며 깊이 있게 이해할 수 있는 활동입니다.

⑧ 이야기지도

읽기 중 활동으로, 이야기의 전체적인 흐름을 파악할 수 있도록 도와줍니다. 이야기들의 중요한 인물, 사건, 배경 등에 주의를 기울이게 만드는 활동으로, 4칸으로 나누어 범주를 설정하고, 책을 읽으면서 범주와 관련된 정보가 나올 때마다 적습니다. 이야기 지도를 완성 후 발표하도록 합니다. 이야기를 구조화하여 쉽게 파악할 수 있도록 도와줍니다.

〈나에겐 비밀이 있어〉

- 이동연, 물리 출판사

● 이야기 지도

인물	배경
사건	흥미로운 문장

한글로
언어학습연구소

⑨ 대조표

 읽기 중 활동으로, 대조할 주제를 정하고, 책을 읽으며 주제에 맞는 내용이 나올 때 마다 적어보는 활동입니다. 차이점을 파악하기 쉬우며, 책의 내용을 도식화할 수 있습니다. 대조할 구체적인 항목을 설정해주는 것도 좋습니다.

⑩ 반대말 성격질문지

    읽기 후 활동으로, 등장인물을 반대말을 이용하여 분석해보는 활동입니다. 반대말 성격질문지를 만들 때에는 등장인물의 성격을 묘사하는 단어 목록을 만든 후, 그 성격의 반대가 되는 단어들을 나열 하도록 합니다. 3점 척도 또는 5점 척도를 사용하여 등장인물이 어느 쪽에 더 가까운지 선택하도록 합니다. 만약, 성격을 묘사하는 단어를 이해하기 어려워한다면 다른 유의어 및 예를 들어 이해하도록 도운 후 표시하도록 합니다. 인물에 대해 왜 그렇게 평가하였는지 서로 이야기할 수 있습니다.

〈착한달걀〉

(초리 존 클, 피트 오스 월드 그림, 김경희 옮김, 길벗어린이 출판사)

● 반대말 성격질문지   "착한달걀은 _____!"

적극적이다				소극적이다
패쌍하다				다붓하다
솔직하다				솔직하지 못하다
용감하다				겁이있다
게으르다				성실하다
인기가 많다				인기가 없다

한글로
한아학습연구소

⑪ 인터넷 검색

　읽기 후 활동으로, 책과 관련한 실제 인물, 사건, 장소 등을 직접 인터넷에 검색하여 알게 하는 활동입니다. 책을 읽고 난 후 궁금해지는 내용을 직접 인터넷으로 조사하며 스스로 답을 찾을 수 있도록 합니다. 인터넷으로 알게 된 내용을 함께 살펴보고, 요약하여 말해보거나, 출처 사이트와 알게 된 내용을 적도록 합니다.

〈 행복한 고양이 아저씨 〉

아이린 래섬, 카림 샴시·바샤 글, 시마드 유코 그림, 정화성 옮김, 비룡소 출판사

● 인터넷 검색

전쟁 피해 떠났던 시리아 '고양이 집사' 다시 고향으로

2019-03-07 연합뉴스 김정은 기자

　3년 전 시리아 내전의 최대 격전지였던 알레포에서 고양이들을 돌보다가 참화를 피해 이 도시를 떠나야 했던 '알레포의 고양이 집사'가 다시 돌아왔다고 영국 BBC방송이 6일(현지시간) 전했다.

　모하마드 알잘릴은 2011년 시작된 시리아 내전으로 사람들이 피난을 간 알레포에 남아 버려진 고양이들을 돌봤던 인물이다. 언론을 통해 그의 이야기가 알려지면서 그는 '알레포의 캣맨'으로 불리며 많은 사람에게 감동을 줬다.
　그러나 2016년 말 시리아 정부군이 반군의 최후 거점인 알레포에 대대적인 공격을 가하면서 그 역시 이곳을 떠나야 했다.

한글로
언어학습연구소

⑫ 감정차트

　읽기 중 활동으로, 사건이 일어나는 순간 등장인물들의 감정에 대해 이해해보는 활동입니다. 활동지에는 이야기에서 일어난 사건, 등장인물들을 넣어 표로 작성합니다. 사건을 직접적으로 겪거나, 관련성이 있는 인물들이 어떤 감정일지 생각하며 감정 어휘를 적도록 합니다. 인물에 대해 깊이 공감할 수 있으며, 인물들 간 비교, 대조를 할 수 있습니다.

〈이상한 손님〉
· 박희나, 책 읽는 곰 출판사

● 감정차트

일어난사건	누나	남자아이	천달록	달걀귀신	천알록
비가 오는 오후 집에 둘만 있음					
빵을 먹고 방귀를 뀜					
아이스크림을 먹음					
달걀귀신이 튀쳐나감					
슬사탕을 찾음					
장투정이 시작됨					
집으로 돌아감					

한글로
언어학습연구소

⑬ 인물성적표

   읽기 후 활동으로, 등장인물들에 대해 분석하고, 평가를 내려 보는 활동입니다. 성적표를 만들어 인물의 성격이나 특징에 대해 나타내는 항목을 적습니다. 긍정적인 단어로 등급을 기술하도록 합니다. 등급을 부여한 후 그에 대한 근거를 찾아 논리정연하게 기술하도록 합니다.

〈행복을 전하는 편지〉
- 안소니 프랑크 글, 디파니 버키 그림, 최순희 옮김

● 인물성적표(매우 좋음, 좋음, 보통, 노력을 요함)

		학생: 풀이
특성	등급	논평
적극성		
친화력		
지속성		
해결력		
추진력		

한글로
한글학습연구소

⑭ 벤다이어그램

 읽기 후 활동으로, 책에 등장하는 인물, 배경등을 대조, 비교하여 정보들을 체계적으로 정리하고, 이해를 돕는 활동입니다. 공통점은 두 원이 겹쳐지는 부분에 적으며, 서로 다른 차이점은 원이 겹치지 않는 부분에 적습니다. 설명글과 이야기글 모두 사용이 가능합니다.

⑮ 줄거리 프로파일

읽기 후 활동으로, 이야기 전체 흐름과 이해를 돕는 활동입니다. 주요 사건에 대해 살피고, 평가를 내려 선으로 연결하도록 합니다. 각 사건의 흥미도를 한 눈에 살펴볼 수 있으며, 다양한 반응을 유도하거나 공유할 수 있습니다.

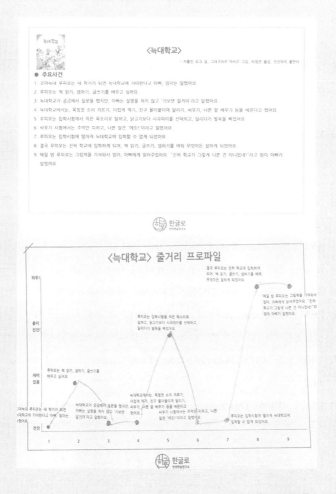

.

1) 양민화, 김보배(2019). 읽기이해 예측지표에서 나타나는 난독현상 경험 아동과 일반아동의 차이점 연구, 한국작문학회, 40, 77-110.

2) 강옥려, 여승수, 우정한, 양민화(2017). 읽기곤란 및 난독증 선별 척도의 측정학적 적합성 연구. 한국초등교육 28(4). 163-177.

3) Paige C. Pullen and Laura M. Justice. (2003).Enhancing Phonological Awareness, Print Awareness, and Oral Language Skills in Preschool Children. Intervention in School and Clinic, 39(2). 87-98

4) 양민화, 김보배, 나종민 (2017). 초등학교 1학년 난독증 아동의 단어읽기 및 철자능력 예측지표 연구. Communication Sciences & Disorders, 22(4), 690-704.

5) National Institute of Child Health and Human Development (NICHD). (2000). Report of the National Reading Panel. Teaching children to read: An evidence-based assessment of the scientific research literature on reading and its implications for reading instruction: Reports of the subgroups Washington, DC:U.S. Government Printing Office.

6) DSM은 Diagnostic and Statistical Manual of Mental Disorders의 약자로, 정신질환 진단 및 통계 메뉴얼을 뜻한다. DSM-5는 5번째 버전이다.

7) Chall, J. S. (1983). Stages of Reading Development. New York: McGraw-Hill.

8) Ehri, L. (1996). Development of the ability to read words. In R. Barr, M.

Kamil, P. B. Mosenthal, & P. D. Pearson (Eds.), Handbook of reading research: Volume II (163–189). Mahwah, NJ: Lawrence Erlbaum.

Ehri, L. (2014). Orthographic mapping in the acquisition of sight word reading, spelling memory, and vocabulary learning. Scientific Studies of Reading, 18(1), 5-21.

9) William J. Therrien. (2004). Fluency and Comprehension Gains as a Result of Repeated Reading: A Meta-Analysis. Remedial and Special Education, 25(4), 252 – 261

10) 양민화, 김보배, 남숙경(2021). 난독증을 자각하는 대학생의 학업 및 심리정서적 특징. 학습장애연구 18(2). 63-89.

11) Graham, S., Harris, K. R., & Larsen, L. (2001). Prevention and intervention of writing difficulties for students with learning disabilities. Learning Disabilities Research & Practice, 16(2), 74–84.

12) 양민화(2015). 학습부진 및 난독증 학생을 위한 읽기 이해 교수방법 (Ruth Helen Yopp , Hallie Kay Yopp), 학지사

늦된 아이가 읽기 쓰기를 빠르게 배우는 6단계

느린 아이 한글 깨치는 법

© 김혜승, 2025

인쇄일 2025년 3월 31일
발행일 2025년 4월 10일

지은이 김혜승
펴낸이 박지혜
펴낸곳 소용

기획편집 박지혜 디자인 플레이플페이퍼 마케팅 최윤희

등록번호 제2023-000121호
주소 경기도 남양주시 다산중앙로82번길 106, 상가 1동 202호
전화 070-4533-7043 팩스 0504-430-0692
이메일 soyongbook@naver.com
인스타 instagram.com/soyong.book

ISBN 979-11-94720-01-0 13590